防灾减灾系列教材

光纤传感技术及防灾减灾应用

主 编 姚振静 蔡建羡 洪 利
副主编 江汶乡 王佳慧 郭丽丽

应急管理出版社

·北 京·

内 容 提 要

本书主要介绍光纤传感技术及其在防灾减灾中的应用,包括光纤传感基础、光纤器件;强度、相位、偏振、频率、偏振态、波长调制以及分布式光纤传感器的工作原理;光纤光栅传感原理;地震监测、地质灾害、边坡地表变形、建筑物结构、森林火灾、城市消防、煤矿安全、电力监测、危险化学品、管道渗漏十大防灾减灾领域的光纤传感技术应用。

本书可作为电子信息、仪器等相关专业本科生及研究生的教材或教学参考书,也可作为防灾减灾相关专业技术人员的阅读参考书。

"防灾减灾系列教材"编审委员会

主　任　任云生
副主任　洪　利
委　员（按姓氏笔画排序）
　　　　万永革　丰继林　王福昌　刘　彬　刘小阳
　　　　刘庆杰　刘晓岚　池丽霞　孙治国　李　平
　　　　李　君　沈　军　周振海　姜纪沂　袁庆禄
　　　　唐彦东　蔡建羙　廖顺宝

《光纤传感技术及防灾减灾应用》编写组

主　编　姚振静　蔡建羙　洪　利
副主编　江汶乡　王佳慧　郭丽丽

前　言

我国是一个自然灾害种类多、分布广、强度大、频度高的国家。随着国家经济实力的显著提高，自然灾害造成的人员伤亡和财产损失呈现不断上升的趋势。随着电子技术、计算机技术和通信技术的发展，防灾减灾技术也在不断地更新换代，为人类提供更准确及时的监测预警信息和先进的防范措施，为灾害应急响应和抗灾救援提供信息保障，极大地减少自然灾害的损失。

光纤传感技术作为一种重要的传感观测手段，具有优良的物理、化学、机械以及传输性能，灵敏度高、固有安全性好、抗电磁干扰能力强、质量轻、体积小、可绕曲、寿命长、成本低、耐高压、耐腐蚀等优点，可实现对温度、压力、流量、位移、振动、转动、弯曲、液位、速度、加速度、声场、电流、电压、磁场及辐射等多种物理量的观测。因此，光纤传感技术已广泛用于军事、国防、航天航空、工矿企业、能源环保、工业控制、医药卫生、计量测试、建筑、家用电器等领域。光纤可用于其他传感器所不适应的恶劣环境中，用于地震灾害监测、建筑物健康监测、地质灾害监测、森林火灾监测、城市消防、煤矿安全、电力监测等防灾减灾领域。

本书的编写是希望将光纤传感技术更全面地应用于防灾减灾建设，它既可作为电子信息、仪器等相关专业教材或教学参考书，也可作为防灾减灾相关专业技术人员的阅读参考书。全书一共分为7章，主要内容包括光纤传感基础、光纤器件；强度、相位、偏振、频率、偏振态、波长调制，以及分布式光纤传感器的工作原理；光纤光栅传感原理；地震灾害、地质灾害、边坡地表变形、建筑物结构、森林火灾、城市消防、煤矿安全、电力监测、危险化学品、管道渗漏十大防灾减灾领域的光纤传感技术应用。本书介绍光纤传感技术的基本理论、内容和方法，通过防灾减灾实际应用案例，让读者更深刻地领会防灾减灾技术应用于防灾减灾的重要性。

本书是在笔者参考国内外大量相关资料的基础上编写而成的，特向各位同行致谢，若有参考文献未提到之处，还请海涵。本人的研究生李明阳、刘雅冉、沈宠、李广民、孙文昊、李嘉鑫、邢梦涛参加了本书部分章节文字、图表的输入工作，在此表示感谢。由于光纤传感技术目前尚处于发展阶段，很多技术理论有待完善，在工程应用上有待进一步开发和深入，书中不当之处，恳请读者批评指正。

编者

2023 年 2 月

目　　次

第一章　光纤传感基础 ··· 1
第一节　光纤基础 ··· 1
第二节　光纤传输原理 ··· 1
第三节　光纤损耗 ··· 3
第四节　光纤色散 ··· 5
第五节　光纤传感器 ··· 5

第二章　光纤器件 ··· 9
第一节　光纤无源器件 ··· 9
第二节　光纤有源器件 ··· 27

第三章　光纤传感技术 ··· 43
第一节　强度调制型光纤传感器 ··· 43
第二节　相位调制型光纤传感器 ··· 49
第三节　频率型调制光纤传感器 ··· 55
第四节　偏振态调制型光纤传感器 ·· 58
第五节　波长调制型光纤传感器 ··· 60

第四章　分布式光纤传感原理及技术 ·· 63
第一节　时域分布式光纤传感技术 ·· 63
第二节　准分布式光纤传感原理 ··· 70

第五章　光纤光栅传感原理 ·· 73

第六章　光纤传感技术地质防灾减灾应用 ··· 80
第一节　地震监测光纤传感技术 ··· 80
第二节　地质灾害监测光纤传感技术 ··· 108
第三节　边坡地表变形监测技术 ·· 110

第七章　光纤传感技术工程防灾减灾应用 ··· 114
第一节　建筑物健康监测光纤传感技术 ·· 114

第二节　森林火灾监测光纤传感技术…………………………………………128
第三节　城市消防光纤传感技术………………………………………………133
第四节　危化品监测光纤传感技术……………………………………………139
第五节　煤矿安全监测光纤传感技术…………………………………………142
第六节　管道渗漏监测光纤传感技术…………………………………………145
第七节　电力监测光纤传感技术………………………………………………148

参考文献……………………………………………………………………………152

第一章 光纤传感基础

第一节 光纤基础

光纤是光导纤维的简称,是一种重要的光波导材料,是利用光的全内反射原理传输信息的光传导工具。信息在光导纤维的传输损失比电线传导的损耗低得多。与电缆相比,光纤具有信息传输容量大、可长距离传送、抗电磁场干扰、可靠性好等优点。

典型的光纤结构如图 1-1 所示,主要包括对光的传送起着决定作用的纤芯和折射率比纤芯略低的包层两部分。在实际应用中,为提高光纤的强度,通常还有缓冲层和保护层,用于保护光纤免受机械损伤和环境污染。纤芯的主要成分为二氧化硅,其中含有极微量的掺杂剂,用以提高纤芯的折射率,直径为 5~50 μm。缓冲层一般为环氧树脂、硅橡胶等高分子材料,外径为 250 μm。

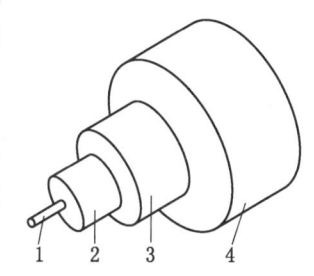

1—纤芯;2—包层;
3—缓冲层;4—保护层
图 1-1 光纤的结构

按传输的模式数量,光纤可分为单模光纤和多模光纤,主要差别是纤芯的尺寸和纤芯与包层的折射率差值。单模光纤的纤芯直径为 4~10 μm,只能传输一个传播模式的光纤。多模光纤的纤芯直径一般为 50~75 μm,可同时传播多种模式的光纤。

按纤芯折射率分布的方式,光纤可分为阶跃折射率光纤与梯度折射率光纤。阶跃折射率光纤的纤芯折射率是均匀的,在纤芯和包层的分界面,折射率发生突变。梯度折射率光纤的折射率是渐变的,从纤芯到缓冲层逐渐地减小。

按制造的原材料,光纤可分为石英光纤、玻璃光纤、全塑光纤和红外光纤。石英光纤以高纯度二氧化硅为主要原料,并按不同的掺杂量来控制纤芯和包层的折射率分布的光纤,具有低损耗、宽频带的特点。玻璃光纤是纤芯与包层折射率在较大范围内变化,有利于制造大数值孔径的材料,但材料损耗较大。全塑光纤的纤芯和包层都用塑料聚合物制成,成本低,易于施工,但材料损耗大,易受温度影响。红外光纤主要用于光能传送,用在较短的传输距离。此外,还有复合材料光纤、红外光纤和晶体光纤等。

第二节 光纤传输原理

光在介质分界面的反射满足反射定律,折射满足斯涅尔定律。光在同一均匀介质中是直线传播的,但在两种不同的介质的交界处会发生反射现象和折射现象,如图 1-2 所示。

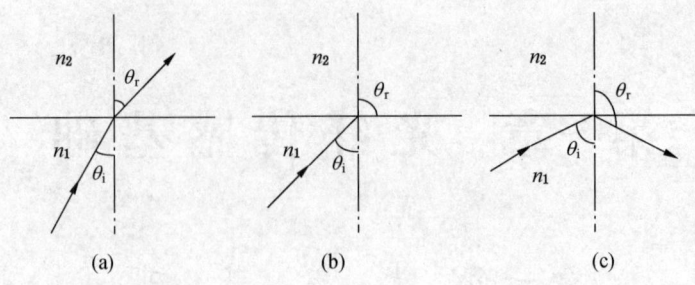

图1-2 光在不同物质分界面的传播

斯涅尔定理指出：当光由光密介质（折射率较大的物质）出射至光疏介质（折射率较小的物质）时，发生折射，其折射角大于入射角，即 $n_1 > n_2$ 时，$\theta_r > \theta_i$。

n_1，n_2，θ_r，θ_i 间的数学关系为

$$n_1 \sin\theta_i = n_2 \sin\theta_r \tag{1-1}$$

根据折射理论，入射角 θ_i 增大时，折射角 θ_r 也随之增大，始终 $\theta_r > \theta_i$。当 $\theta_r = 90°$ 时，θ_i 仍小于 $90°$，此时，出射光线沿界面传播，称为临界状态，这时有

$$\sin\theta_r = \sin 90° = 1 \tag{1-2}$$

$$\sin\theta_{i_0} = \frac{n_2}{n_1} \tag{1-3}$$

$$\theta_{i_0} = \arcsin\left(\frac{n_2}{n_1}\right) \tag{1-4}$$

式中，θ_{i_0} 为临界角。当入射角 $\theta_i > \theta_{i_0}$ 时，出射角 $\theta_r > 90°$ 时便发生全反射现象，其出射光不再发生折射而全部反射回来。

光导纤维是用比头发丝还细的石英玻璃丝制成的，每一根光导纤维由一个圆柱形内芯和包层组成，而且内芯的折射率略大于包层的折射率。当光线以一定角度从光纤端面入射后，入射光线 AB 与纤维轴线 OO' 的相交角为 θ_i，入射后折射（折射角为 θ_j）至纤芯与包层界面 C 点，与 C 点界面法线 DE 成 θ_k 角，并由界面折射至包层，CK 与 DE 夹角为 θ_r。由图1-3可以得出：

$$n_0 \sin\theta_i = n_1 \sin\theta_j \tag{1-5}$$

$$n_1 \sin\theta_k = n_2 \sin\theta_r \tag{1-6}$$

可以推出

$$\sin\theta_i = \left(\frac{n_1}{n_0}\right)\sin\theta_j \tag{1-7}$$

因为 $\theta_j = 90° - \theta_k$，所以

$$\sin\theta_i = \left(\frac{n_1}{n_0}\right)\sin(90° - \theta_k) = \frac{n_1}{n_0}\cos\theta_k = \frac{n_1}{n_0}\sqrt{1 - \sin^2\theta_k} \tag{1-8}$$

由于 $\sin\theta_k = \left(\frac{n_2}{n_1}\right)\sin\theta_r$，因此代入式（1-8）得

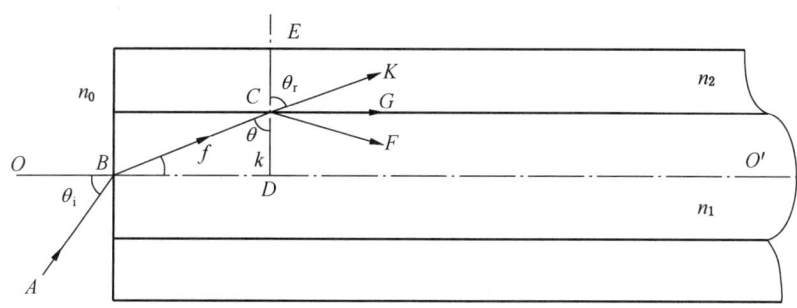

图 1-3 光纤传输原理示意图

$$\sin\theta_i = \frac{n_1}{n_0}\sqrt{1-\left(\frac{n_2}{n_1}\sin\theta_r\right)^2} = \frac{1}{n_0}\sqrt{n_1^2 - n_2^2\sin^2\theta_r} \qquad (1-9)$$

式中，n_0 为入射光线 AB 所在空间的折射率，一般空间中为空气，故 $n_0 \approx 1$；n_1 为纤芯折射率；n_2 为包层折射率。

当 $n_0 = 1$ 时，可得

$$\sin\theta_i = \sqrt{n_1^2 - n_2^2\sin^2\theta_r} \qquad (1-10)$$

当 $\theta_r = 90°$ 的临界状态时，$\theta_i = \theta_{i_0}$，可得

$$\sin\theta_{i_0} = \sqrt{n_1^2 - n_2^2} \qquad (1-11)$$

工程光学中把 $\sin\theta_{i_0}$ 定义为数值孔径（NA）。由于 n_1 与 n_2 相差较小，即 $n_1 + n_2 \approx 2n_1$，故式（1-11）又可因式分解为

$$\sin\theta_{i_0} \approx n_1\sqrt{2\Delta} \qquad (1-12)$$

式中，Δ 为相对折射率差，$\Delta = (n_1 - n_2)/n_1$。

因此，可以看出：

- $\theta_r = 90°$ 时，$\sin\theta_{i_0} = $ NA 或 $\theta_{i_0} = $ arcsinNA；
- $\theta_r > 90°$ 时，光线发生全反射，$\theta_i < \theta_{i_0} = $ arcsinNA；
- $\theta_r < 90°$ 时，$\sin\theta_i > $ NA，$\theta_i > $ arcsinNA，光线消失。

这说明 arcsinNA 是一个临界角，凡入射角 $\theta_i > $ arcsinNA 的那些光线，进入光纤后都不能传播而在包层消失；相反，只有入射角 $\theta_i < $ arcsinNA 的那些光线才可以进入光纤被全反射传播。

第三节 光 纤 损 耗

光纤损耗是指光纤每单位长度上的衰减，单位为 dB/km，它是光纤传输的重要指标。光纤损耗的高低影响传输距离或中继站间隔距离的远近。光纤损耗主要由材料的吸收损耗、散射损耗和辐射损耗确定。

1. 吸收损耗

当光波通过任何透明物质时，都要使组成这种物质的分子中不同振动状态之间和电子的能级之间发生跃迁。在发生这种能级跃迁时，物质吸收入社光波的能量（其中一部分转换成热能储存在物质内）引起光的损耗，称为吸收损耗。在一般的光学玻璃中都有一些附加元素，其中很多是杂质，它们多半具有较低激发能的电子态。同时还存在一些外来金属离子，其电子态比玻璃的本征态更易激发。它们的吸收带可以出现在光谱的可见和红外区域。

光纤的吸收损耗是光纤材料和杂质对光能的吸收引起的，把光能以热能的形式消耗于光纤中，是光纤损耗中重要的损耗，包括本征吸收损耗、杂质吸收损耗和原子缺陷吸收损耗 3 种。

本征吸收损耗是由于物质固有的吸收引起的损耗，主要由紫外波段和红外波段电子跃迁与振动跃迁引起的吸收。对于石英材料，固有吸收区在紫外和红外区域，红外区的中心波长在 8 ~ 12 μm 范围内，紫外区中心波长在 0.16 μm 附近，当吸收很强时，尾端可延伸到 0.7 ~ 1.1 μm 的波段。因为特定频率的红外线光波，恰好匹配某种材料的原子或分子的自然振动频率，这种材料会选择性地吸收特定频率的光波。由于不同的原子或分子有不同的自然振动频率，它们会选择性地吸收不同频率（或不同频率带）的红外线光波。由于光波频率不匹配光纤材料的自然振动频率，会造成光波的反射或透射。当红外线光波入射于不匹配的光纤材料，一部分能量会被反射，另一部分能量会被透射。

杂质吸收损耗主要是由于光纤材料所含有的正过渡金属离子的电子跃迁和氢氧根负离子的分子振动跃迁引起的吸收。金属离子含量越多，造成的损耗就越大。这里的杂质并不是指光纤中的掺杂物，而是指由于材料不纯净及工艺不完善而引入的杂质，例如过渡金属离子和 OH$^-$ 离子。研究表明，要想使杂质吸收带中心波长处的损耗低于 20 dB/km，则过渡金属离子相对含量必须低于 10^{-9}。

原子缺陷吸收损耗主要是由于强烈的热、光或射线辐射使光纤材料受激出现原子缺陷产生的损耗。光纤的材料不同，吸收损耗也不同。比如普通玻璃，在 3000 rad 的 γ 射线的照射下，可能引起的损耗可达 20000 dB/km。而掺锗的石英玻璃，对于 4300 rad 的辐射，在波长 0.82 μm 时引起的损耗仅为 16 dB/km。因此，适当选择光纤的材料可以降低原子缺陷吸收损耗，比如纤芯材料为石英的光纤，可以忽略原子缺陷吸收损耗。

2. 散射损耗

光纤的散射损耗是由于光纤材料中原子密度微起伏或光纤波导结构缺陷等，使光功率耦合或泄露纤芯外造成的损耗。这种损耗也是光纤的固有本征损耗，并且是降低光纤损耗的最终限制因素。

本征散射是材料散射中最重要的散射，其损耗功率与传播模式的功率呈线性关系。它是由于材料原子或分子以及材料结构的不均匀性，使得材料的折射率产生微观的不均匀性引起传输光波的散射。它是材料固有的，不能消除，是光纤损耗的最低极限。另一类本征散射是掺杂氧化物不均匀引起的散射。

非线性散射包括受激布里渊散射和受激拉曼散射。布里渊散射是介质在强光功率密度作用下，入射光子与介质分子发生非弹性碰撞时产生声子发生的散射。当光是被分子振动或光学声子所散射时，称为拉曼散射。这两种受激散射都有一个阈值功率，只有超过此值时才会发生。

3. 辐射损耗

当理想的圆柱形光纤受到某种外力作用时,会产生一定曲率半径的弯曲,引起能量泄漏到包层,这种由能量泄漏导致的损耗称为辐射损耗。光纤受力弯曲分为两类,一是曲率半径比光纤直径大得多的弯曲;二是光纤成缆时产生的随机性弯曲,即微弯。微弯引起的损耗一般很小,基本上观测不到。当弯曲程度加大,损耗将随负指数函数成比例增大。

第四节 光纤色散

由于光纤所传输的信号是由不同频率成分和不同模式成分所携带的,不同频率成分和不同模式成分的群速度不同,从而引起信号畸变的物理现象称为光纤的色散。引起光纤色散的两个因素:一是进入光纤中的光信号不是单色光(光源发出的光不是单色或是调制信号具有一定的带宽);二是光纤对光信号的色散作用。

光纤色散分为模式色散、材料色散和波导色散。材料色散和波导色散是由于同一个模式内携带信号的光波频率成分不同所导致的,所以也称为模内色散。模式色散由信号不是单一模式携带所导致,也称模间色散。

在多模光纤中存在许多传输模式,即使在同一波长,不同模式沿光纤轴向的传输速度也不相同,到达接收端所用的时间不同,而产生模式色散。光纤材料的折射率是波长的非线性函数,从而使光的传输速度随波长的变化而变化,由此引起的色散称为材料色散。同一模式的相位常数随波长而变化,即群速度随波长而变化,由此而引起的色散称为波导色散。波导色散主要是由光源的光谱宽度和光纤的几何结构所引起的。

材料色散和波导色散都与光波长有关,所以又统称为波长色散。模式色散仅在多模光纤中存在,在单模光纤中不产生模式色散,而只有材料色散和波导色散。对于多模阶跃折射率光纤,模式色散占主要地位,其次是材料色散,波导色散较小。对于多模渐变光纤,模式色散较小,波导色散同样可以忽略不计。对于单模光纤,只有材料色散和波导色散存在。

第五节 光纤传感器

一、光纤传感器的结构

光纤传感器是一种把被测量的状态转变为可测的光信号的装置。由光发送器、敏感元件(光纤或非光纤的)、光接收器、信号处理系统及光纤构成,如图1-4所示。由光发送器发出的光经光纤引导至敏感元件。在这里,光的某一性质受到被测量的调制,已调光经接收光纤耦合到光接收器,使光信号变为电信号,最后经信号处理系统得到所期待的被测量。下面简单地分析光纤传感器光学测量的基本原理。

从本质上分析,光就是一种电磁波,其波长范围从极远红外的1 mm到极远紫外的10 mm。电磁波的物理作用和生物化学作用主要因其中的电场而引起。因此,在讨论光的敏感测量时,必须考虑光的电矢量 E 的振动。通常用下式表示:

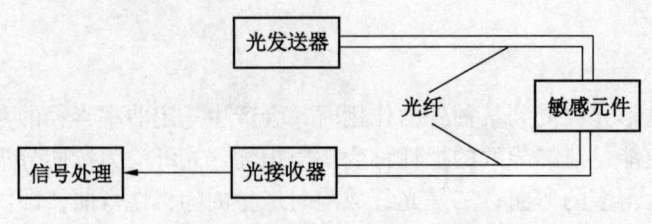

图1-4 光纤传感器示意图

$$E = B\sin(\omega t + \phi) \qquad (1-13)$$

式中，B为电场E的振幅矢量；ω为光波的振动频率；ϕ为光相位；t为光的传播时间。

由式（1-13）可见，只要使光的强度、偏振态（矢量B的方向）、频率和相位等参量之一随被测量状态的变化而变化，或者说受被测量调制，那么就有可能通过对光的强度调制、偏振调制、频率调制或相位调制等进行解调，获得所需要被测量的信息。

二、光纤传感器的分类

按照光纤在传感器中的作用分为功能型光纤传感器和非功能型光纤传感器。图1-5所示为功能型光纤传感器。功能型光纤传感器中的光纤不仅是导光介质也是敏感元件。光纤不仅起传光的作用，同时利用光纤在外界因素（弯曲、相变）的作用下，使某些光学特性发生变化，对输入的光产生调制作用，使在光纤内传输光的强度、相位、偏振态等特性发生变化，从而实现传和感的功能。此类传感器的优点是结构紧凑，灵敏度高。但是，它需用特殊光纤和先进的检测技术，因此成本高。其典型例子有光纤陀螺、光纤水听器等。

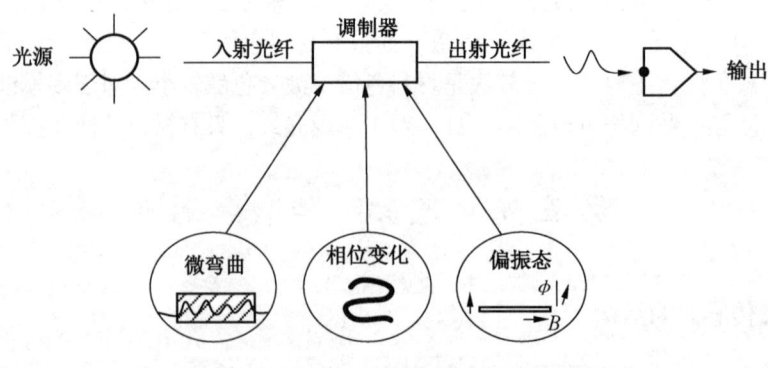

图1-5 功能型光纤传感器

图1-6所示为非功能型光纤传感器。非功能型光纤传感器中的光纤作为信息的传输介质仅起到导光作用。利用其他光敏感元件感受被测量的变化，利用现有的优质敏感元件来提高光纤传感器的灵敏度。此类光纤传感器无须特殊光纤及其他特殊技术，比较容易实现，成本低，但灵敏度较低，应用于对灵敏度要求不太高的场合。目前，已实用化的光纤传感器大多是非功能型的。

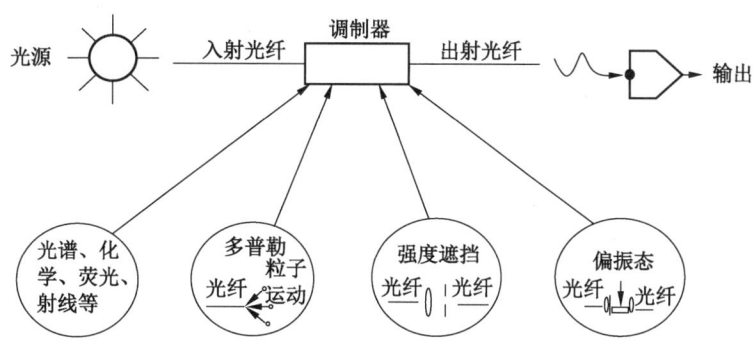

图 1-6 非功能型光纤传感器

根据光受被测对象的调制形式分为强度调制型光纤传感器、相位调制型光纤传感器、频率调制型光纤传感器和偏振调制型光纤传感器。

1. 强度调制型光纤传感器

强度调制型光纤传感器是利用被测对象的变化引起敏感元件的折射率、吸收或发射等参数的变化，从而导致光强度变化实现非电量测量的传感器。强度调制的方式很多，可分为反射式强度调制、透射式强度调制、光模式强度调制以及折射率和吸收系数强度调制等。一般反射式强度调制、透射式强度调制、折射率强度调制称为外调制式，光模式强度调制称为内调制式。这类传感器的优点是结构简单、成本低、容易实现，因此开发应用的比较早，现在已经成功的应用在位移、压力、表面粗糙度、加速度、间隙、力、液位、振动、辐射等非电物理量的测量。

2. 相位调制型光纤传感器

相位调制型光纤传感器的基本原理是利用被测对象对敏感元件的作用，使敏感元件的折射率或传播常数发生变化，从而导致光的相位变化，然后用干涉测量技术检测相位变化而得到被测对象的信息。相位调制型光纤传感器的优点是具有极高的灵敏度，动态测量范围大，同时响应速度也快，其缺点是对光源要求比较高，同时对检测系统的精密度要求也比较高，因此成本高。目前主要有利用光弹效应的声、压力或振动传感器，利用磁致伸缩效应的电流、磁场传感器，利用电致伸缩的电场、电压传感器，利用萨格纳克效应的旋转角速度传感器（光纤陀螺）等。

3. 频率调制型光纤传感器

频率调制型光纤传感器是利用由被测对象引起的光频率的变化进行检测的传感器。通常有利用运动物体反射或散射光的多普勒频移效应来检测运动速度，当它们相对静止时，接收到光的光频率是振荡频率，当它们之间有相对运动时，接收到的光频率与其振荡频率发生频移，频移大小与相对运动速度大小和方向有关。因此，这种传感器多用于测量物体运动速度。还有某些材料的吸收和荧光现象随被测参量也发生频率变化，以及量子相互作用产生的布里渊和拉曼散射也属于频率调制现象。通常有测量流体流动传感器，利用物质受强光照射时的拉曼散射构成的测量气体浓度或监测大气污染的气体传感器，以及利用光致发光的温度传感器等。

4. 偏振态调制型光纤传感器

光波是一种横波,它的光矢量是与传播方向垂直的。如果光波的光矢量方向始终不变,只是它的大小随相位改变,这样的光称为是线偏振光。光矢量与光的传播方向组成的平面为线偏振光的振动面。如果光矢量的大小保持不变,而它的方向绕传播方向均匀地转动,光矢量末端的轨迹是一个圆,这样的光称为圆偏振光。如果光矢量的大小和方向都在有规律的变化,且光矢量的末端沿一个椭圆转动,这样的光称为椭圆偏振光。

偏振态调制型光纤传感器的基本原理是利用光的偏振态的变化来传递被测对象信息的传感器。在许多光纤系统中,尤其是包含单模光纤的系统,偏振起着重要的作用。许多物理效应都会影响或改变光的偏振状态,有些效应可引起双折射现象。所谓双折射现象就是对于光学性质随方向而异的一些晶体,一束入射光常分解为两束折射光的现象。光通过双折射媒质的相位延迟是输入光偏振状态的函数。

偏振态调制光纤传感器检测灵敏度高,可避免光源强度变化的影响,而且相对相位调制光纤传感器结构简单且调整方便。通常有利用法拉第效应的电流、磁场传感器,利用泡克尔斯效应的电场、电压传感器,利用物质的光弹效应构成的压力、振动或声传感器,利用光纤的双折射性构成的温度、压力、振动传感器。

三、光纤传感器的特点

(1) 高灵敏度。高灵敏度是光学测量的优点之一。光纤传感器采用光测量的技术手段,一般为微米量级。采用波长调制技术,分辨率可达到波长尺度的纳米量级。利用光作为信息载体的光纤传感器的灵敏度很高,它是某些精密测量与控制必不可少的工具。

(2) 电绝缘性及化学稳定性高。光纤本身是一种高绝缘、化学性能稳定的物质,适用于电力系统及化学系统中需要高压隔离和易燃易爆等恶劣的环境中。

(3) 良好的安全性。光纤传感器是电无源的敏感元件,应用于测量中时不存在漏电及电击等安全隐患。

(4) 抗电磁干扰。一般情况下光波频率比电磁辐射频率高,因此光在光纤中传播不会受到电磁噪声的影响。

(5) 可分布式测量。一根光纤可以实现长距离连续测控,能准确测出任一点上的应变、损伤、振动和温度等信息,并由此形成具备很大范围内的监测区域,提高对环境的检测水平。

(6) 使用寿命长。光纤的主要材料是石英玻璃,外裹高分子材料的包层,这使得它具有相对于金属传感器更长的耐久性。

(7) 传输容量大。以光纤为母线,用传输大容量的光纤代替笨重的多芯水下电缆采集收纳各感知点的信息,并且通过复用技术来实现对分布式的光纤传感器监测。

比较著名的一些光纤传感器设备的公司有美国的 Blue Road Research、IFOS 公司,日本的 Idec Izumi 公司、Hitachi 公司和 Sunx 公司,欧洲的 Smartec、Osmos - group(York Sensors)、Ominisens 公司等。美国偏重于军事应用,主要是应变光纤传感器和抗恶劣环境的特种光纤传感器,日本偏重于民用,欧洲开展领域广泛的光纤传感器研究与应用。

第二章 光纤器件

光纤传感系统中，有许多不发光、不进行光电转换的光纤器件，例如光纤连接器、光纤耦合器、光开关、光复用器/解复用器、光隔离器、光纤衰减器、光纤滤波器等，统称为光纤无源器件，它是一种能量消耗型器件，其主要功能是对信号或能量进行连接、合成、分叉、转换以及有目的的衰减等。到目前为止，还很难直接对光信号进行处理和存储，因此在光纤传感系统中，需要进行光电转换和电光转换，实现这一转换的器件，就是光纤有源器件，例如激光器、发光二极管、光电二极管以及光纤放大器等。光无源器件在光纤通信系统、光纤局域网以及各类光纤传感系统中是必不可少的重要器件。而光有源器件是光通信系统中将电信号转换成光信号或将光信号转换成电信号的关键器件，是光传输系统的心脏。

第一节 光纤无源器件

光纤无源器件种类繁多、功能各异，是光纤传感中的重要组成部分。光纤无源器件一般有三种类型。第一种光纤无源器件是由玻璃块光学器件构成的，这种器件一般是在光纤末端加上准直透镜，光纤中的出光经过玻璃光学器件后，又回到光纤；第二种光纤无源器件是全光纤结构的，如光纤光栅、光纤耦合器等，以及各种光纤连接器；第三种光纤无源器件是光波导型光纤无源器件，它采用集成光学的方法制成平面波导，再与光纤耦合连接，如各种调制器、阵列波导光栅等。

一、光纤的连接与耦合

光纤传感系统由光纤连接构成，还与系统中的光源、探测器及各种光器件耦合，其耦合效率（耦合损耗）影响器件及系统的性能。光纤连接器是把两个光纤端面结合在一起，使发射光纤输出的光能量可以最大限度地耦合到另外接收光纤的器件，常常用来实现从光源到光纤、从光纤到光纤，以及光纤与探测器之间的光耦合。各种光纤连接器必须具备损耗低、体积小、质量轻、可靠性高、便于操作和互换性好以及价格低廉等特点。

1. 光纤与光纤的连接损耗

在不连续点，如固定连接器和活动连接器，光纤会产生光功率损耗和反射。光纤的连接损耗与被连接光纤纤芯结构参数差异（内部损耗因子）和光纤接续质量（外部损耗因子）有关，若通过光纤连接器的透射率为 T，则光纤的连接损耗 L 为

$$L = -10\log T \tag{2-1}$$

光纤与光纤的连接损耗包括以下 3 种：

（1）两光纤相对位置的偏离引起的损耗。因光纤相对位置偏离而产生的横向偏移 d、

纵向偏移 s、角向偏移 θ 及光纤接收孔径角 θ_c，如图 2-1 所示。

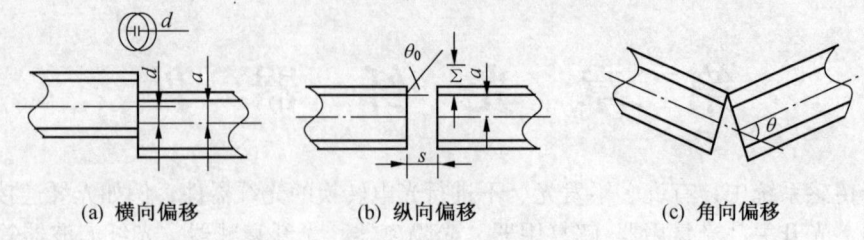

(a) 横向偏移　　　　　(b) 纵向偏移　　　　　(c) 角向偏移

图 2-1　光纤连接中的相对位置偏离

(2) 光纤端面形状畸变引起的损耗，如图 2-2 所示。

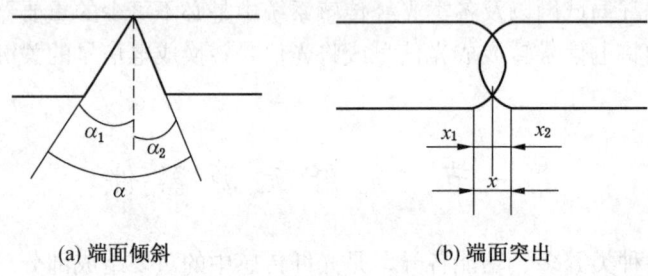

(a) 端面倾斜　　　　　　　(b) 端面突出

图 2-2　光纤连接的端面畸变

(3) 光纤结构参数失配引起的损耗，包括两光纤纤芯直径不同引起的连接损耗、两光纤数值孔径不同引起的连接损耗、两光纤折射率分布不同引起的损耗，以及光纤端面因 Fresnel 反射引起的损耗。

2. 光纤固定接头

光纤固定接头是一种永久的连接，主要有熔接法、胶黏法和固定连接器法。

(1) 熔接法是采用光纤熔接技术使光纤的端面加热并熔接在一起。光纤熔接后，为增加接头强度，还必须对光纤进行涂敷与加固处理，一般利用紫外固化胶、石英或尼龙套管、不锈钢管完成光纤接头的加固工作，也可用热塑料管加固。

(2) 胶黏法是采用胶黏技术利用光纤包层的几何一致性使纤芯对准，胶黏剂直接固定裸光纤接头，其中直接对准技术如图 2-3a 所示。二次对准技术利用支撑光纤的套管（衬基）的几何一致性使纤芯对准，环氧胶使光纤固定在套管内或衬基，如图 2-3b 所示。当折射率满足匹配条件时，光学环氧胶可使端面 Fresnel 反射显著降低。

(3) 固定连接器法采用固定连接器技术在光纤一次或二次对准调节的基础上，提供一种使光纤固定的机械夹持，可制作稳固永久的光纤接头。

3. 光纤活动连接器

光纤活动连接器是可拆卸的光纤接插件，用于反复连接或断开光纤，如图 2-4 所示。

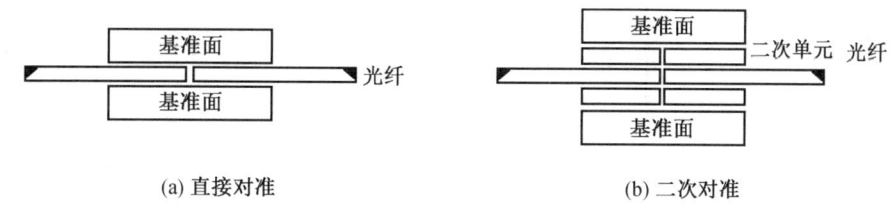

图 2-3 对准机构

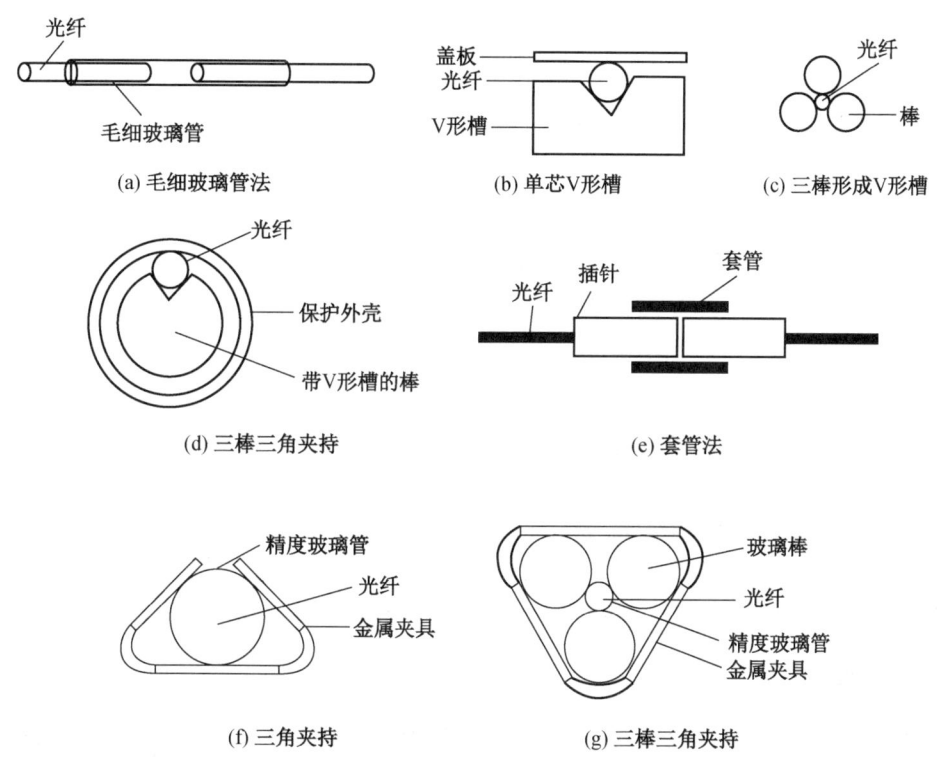

图 2-4 典型的固定连接器

（1）对接耦合式（精密套管对接式）光纤连接器利用套管对接，插针为精密套管，光纤固定在插针内，如图 2-4a～图 2-4d 所示。通常，光纤连接器的型号为 XX/YY.XX 是接头连接方式，YY 是光纤连接器端面形状，如图 2-5 所示。FC 型采用平面对接，两端面间存在空隙，Fresnel 反射大，回波损耗较大；PC 型的光纤抛光端是半径为 25～60 mm 的球面，光纤端面可很好接触，Fresnel 反射损耗低；APC 型的光纤端面有 -8° 的倾角，光纤端面的 Fresnel 反射进入包层迅速散失，回波损耗高达 70 dB。

单光纤连接器，SC 型咬合式采用矩形横截面，推拉式联结；ST 型扭转式使用圆形卡口结构，接头接入法兰盘压紧后，旋转使插头牢固，并对光纤端面压紧；FC 型扭转式在

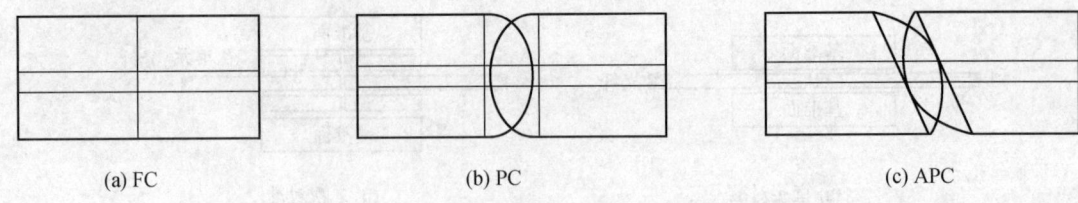

图 2-5　光纤端面的连接形式

插针端部黏有中间开孔的薄片，使插接的两光纤面接触而不造成光纤端面磨损，光纤端面镀反射膜，消除 Fresnel 反射，通过螺纹旋转闭锁；PC 型将光纤端面设计成圆弧状，纤芯端面接触间隙小于 $\lambda/4$，降低 Fresnel 反射损耗，提高回波损耗。

多芯光缆连接器（多光纤连接器，简称 MT）。图 2-6 所示为带状阵列式结构，两只插头用两根导针对准定位，可一次连接多根光纤，平均插入损耗为 $0.30 \sim 0.35$ dB。

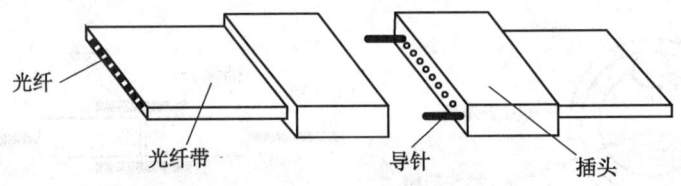

图 2-6　带状阵列式连接器

（2）透镜耦合式光纤连接器。透镜将光纤的出射光变成平行光，再由另一透镜将平行光聚焦注入其他光纤，如图 2-4e ~ 图 2-4f 所示。在透镜之间插入分束镜、滤波器、旋光片、衰减片等，可制成分束器、波分复用器、隔离器/环形器、衰减器和光开关等。

二、光衰减器

光衰减器用于降低光功率，可变光衰减调节光纤线路的光功率，对光纤线路进行评估、调整和校正等；固定光衰减器降低过高的光功率。

位移型光衰减器调制两段光纤连接的对中以控制衰减量，如图 2-7 所示。镀膜型光

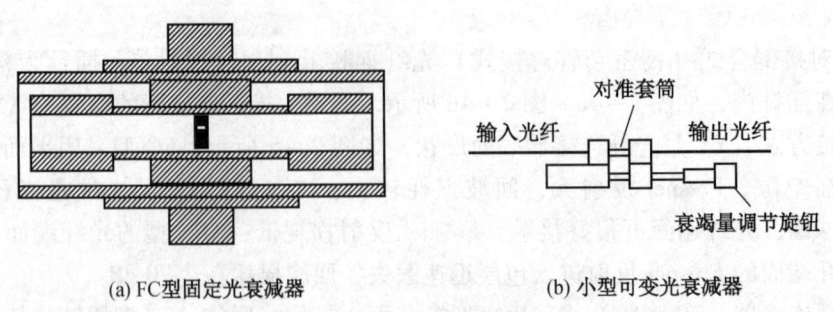

图 2-7　位移型光衰减器

衰减器在光纤端面或玻璃基片镀金属吸收膜或反射膜以衰减光能。衰减片型光衰减器将衰减片固定在光纤的端面或光路中以衰减光信号。常用的材料有红外有色光学玻璃、晶体、光学薄膜、滤光片及其他无机和有机材料。

三、光纤耦合器

光耦合器是对光实现分路、合路、插入和分配的无源器件。它的分类方法很多，从功能上看，它可以分为光功率分配器、波分复用器以及光偏振分束器；从端口形式上分，它可以分为X形耦合器、Y形耦合器、星形耦合器以及树形耦合器；从制作或结构上分，它又可以分为光纤型耦合器和光波导耦合器。

1. 熔融拉锥型光纤耦合器

熔融拉锥法将两根或更多除去涂敷层的光纤靠拢，高温热融时向两侧拉伸，在加热区形成双锥体式的特殊波导结构，实现光功率耦合，如图2-8所示，可制作标准耦合器、宽带耦合器、保偏耦合器、偏振分束器、波分复用器、光滤波器和光开关等。

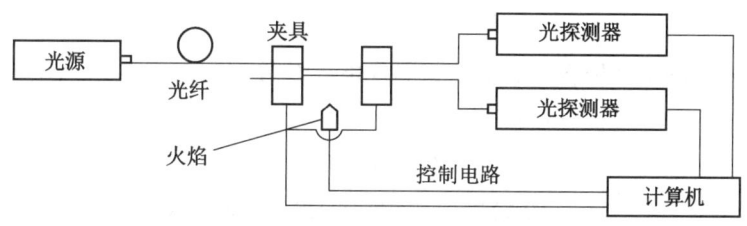

图2-8 熔融拉锥型光纤传感系统

2. 耦合器的工作原理

在熔融拉锥型光纤耦合器中，入射光在双锥体结构的耦合区发生功率再分配，一部分光从直通臂继续传输，另一部分则由耦合臂传到另一光路，如图2-9所示。下面详细探讨两种熔融拉锥型光纤耦合器。

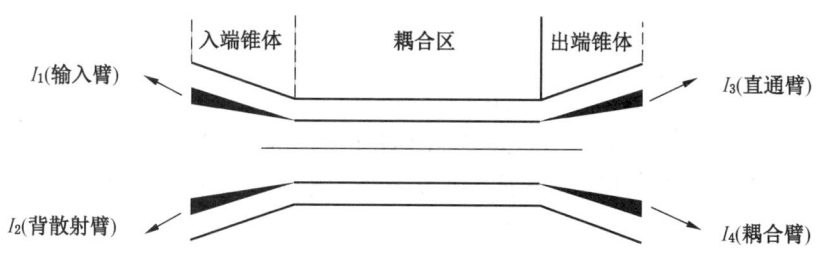

图2-9 熔融拉锥型光纤耦合器的工作原理

（1）熔融拉锥型单模光纤耦合器。单模光纤传导两个正交基模；在熔锥区，纤芯变细，V值减小，更多的光渗入光纤包层，在以包层为芯纤外介质（空气）为包层的复合波导中传输；在输出端，纤芯变粗，V增大，光被两根纤芯以特定的比例捕获，如图2-10所示。

熔锥区形成耦合，利用弱导近似，假设光纤无吸收，则耦合方程组为

$$\begin{cases} \dfrac{\mathrm{d}A_1(z)}{\mathrm{d}z} = i(\beta_1 + C_{11})A_1 + iC_{12}A_2 \\ \dfrac{\mathrm{d}A_2(z)}{\mathrm{d}z} = i(\beta_2 + C_{22})A_2 + iC_{21}A_1 \end{cases} \quad (2-2)$$

式中，A_i为光纤i的模场振幅；β_i为光纤i的传播常数；C_{ij}为耦合系数，可忽略自耦合系数，近似认为$C_{12} = C_{21} = C_0$。在$z=0$处，式（2-2）满足$A_1(z) = A_1(0), A_2(z) = A_2(0)$其解为

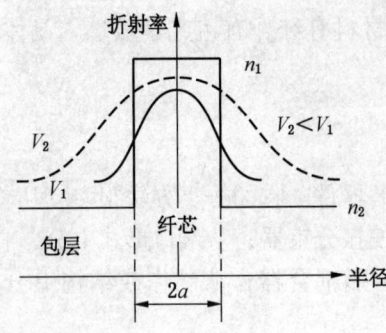

图2-10 单模光纤耦合器原理图

$$\begin{cases} A_1(z) = \{A_1(0)\cos(CF^1z) + iF[A_2(0) + 2^{-1}(\beta_1-\beta_2)C^{-1}A_1(0)]\sin(CF^{-1}z)\}\mathrm{e}^{i\beta z} \\ A_2(z) = \{A_2(0)\cos(CF^1z) + iF[A_1(0) - 2^{-1}(\beta_1-\beta_2)C^{-1}A_2(0)]\sin(CF^{-1}z)\}\mathrm{e}^{i\beta z} \end{cases}$$

$$(2-3)$$

式中，两传播常数的平均值β、参数F和耦合系数C分别为

$$\begin{cases} \beta = (\beta_1 + \beta_2)/2 \\ F = [1 + 4^{-1}(\beta_1-\beta_2)^2C^{-2}]^{-1/2} \\ C = (2\Delta)^{1/2}U^2K_0(Wd/r)r^{-1}V^{-3}K_1^{-2}(W) \end{cases} \quad (2-4)$$

式中，r为光纤半径；d为两光纤中心的间距；U和W为纤芯和包层参量；V为光纤参量；K_0和K_1分别为零阶和一阶修正的第二类Bessel函数。

光注入光纤时，初始条件为$P_1(0) = 1, P_2(0) = 0$，则光纤中的光功率分布为

$$\begin{cases} P_1(z) = |A_1(z)|^2 = 1 - F^2\sin^2(Cz/F) \\ P_2(z) = |A_2(z)|^2 = F^2\sin^2(Cz/F) \end{cases} \quad (2-5)$$

式中，F^2表示光纤之间耦合的最大功率。

当两根光纤相同时，$\beta_1 = \beta_2$，则$F^2 = 1$，式（2-5）变换为标准熔融拉锥型单模光纤耦合器的功率变换关系，即

$$\begin{cases} P_1(z) = \cos^2(Cz) \\ P_2(z) = \sin^2(Cz) \end{cases} \quad (2-6)$$

式（2-6）给出了两端口相对功率与拉伸长度的关系，如图2-11所示。

（2）熔融拉锥型多模光纤耦合器。多模光纤的传导模是若干个分立的模式，不仅在数值孔径角内，当θ为传导模与光轴的夹角，还同时满足：

$$4an_1\sin\theta = m\lambda, m = 1,2,3,\cdots \quad (2-7)$$

当传导模进入多模光纤耦合器的熔锥区时，纤芯变细导致V值减小，纤芯中束缚的模式数减少，较高阶模进入包层形成包层模，直通臂纤芯中传输的较低阶模由直通臂输出，如图2-12a所示；多模信号在模式混合区的多模熔融拉锥结构中的熔锥区实现模式混合，各阶模均参与耦合，输出模一致，可消除器件的模式敏感性，如图2-12b所示。

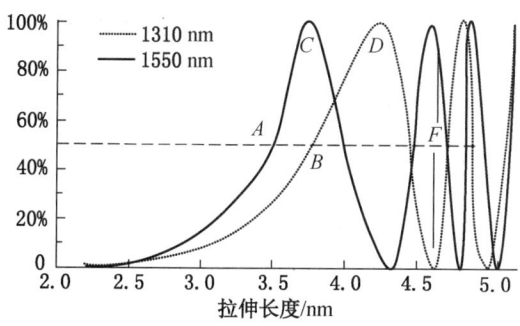

图 2-11 耦合比与熔融拉锥长度的关系

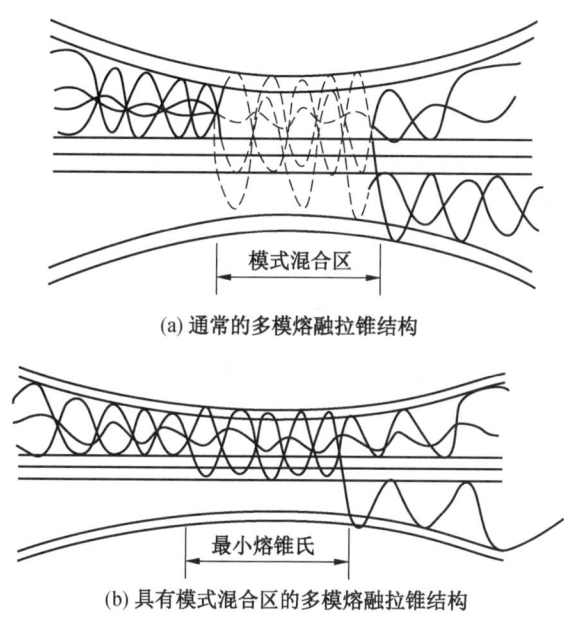

图 2-12 熔融拉锥型多模光纤耦合器

3. 常见的耦合器

（1）X型、Y型全光纤耦合器可用于分路、合路或双工，其性能指标见表 2-1。

表 2-1 标准X型、Y型全光纤耦合器的典型性能指标

指 标	单模 2(1)×2	指 标	单模 2(1)×2
工作波长	1310 nm, 1550 nm, 其他可选	方向性	>60 dB
附加损耗	≤0.1 dB	端口组态	1×2（Y型）或 2×2（X型）
分光比容差	±2%	工作温度	-40~85 ℃
分光比	1:99~50:50		

(2) 星型耦合器（$N \times N$，$N > 2$），直接拉制的星型器件仅限于低端口数（$N = 3$，4等），常用基本单元拼接法，如图 2-13 所示。

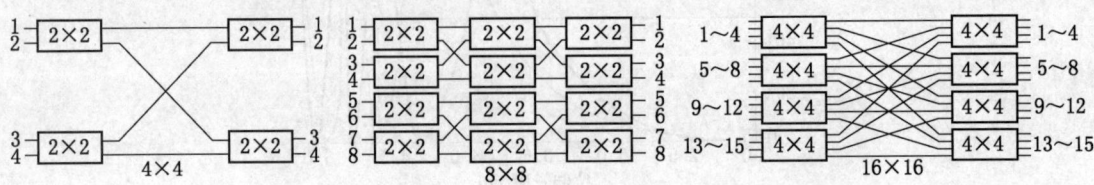

图 2-13 星型耦合器的拼接结构

(3) 树型耦合器是具有 $1(2) \times N(N > 2)$ 端口组态的功率分配器件，它是光纤 CATV 等技术中的重要器件。尽管功率均分的树型耦合器是标准器件，其关键参数同星型耦合器一样，也是插入损耗，具有均匀性。但在实际工程中，还常常需要各种非均分的特殊器件，用于满足不同传输距离对功率分配提出的要求。直接拉制法只需满足单路输入 N 路均分的要求，技术上可直接拉制 1×9 或更多路数树型耦合器；对非均分耦合器，主要利用基本单元拼接法，如图 2-14 所示。

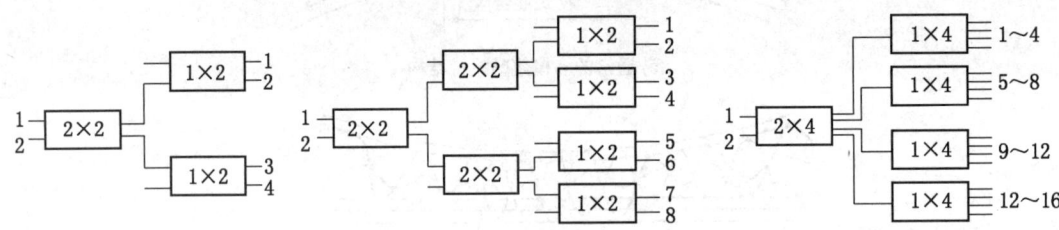

图 2-14 树型耦合器的拼接结构

(4) 偏振光分束耦合器将光纤中传输的 HE_{11} 模的两个偏振态分离并送到各自端口输出，以获得两个单偏振膜，可用于相关光通信、光纤陀螺和偏振 OTDR 检测等。

(5) 宽带耦合器。通常，熔融拉锥耦合器的带宽小于 20 nm，器件对波长不敏感，在相应的中心波长获得最大的工作带宽，获得单窗口宽带耦合器；D 点可改善两个中心波长的工作带宽，获得双窗口宽带耦合器。式（2-5）表明，调整 $\beta_1 = \beta_2$ 可改变光纤间的最大耦合功率 F^2，以制成不同分光比的宽带耦合器。

4. 耦合器的技术指标

评价耦合器的技术指标主要有插入损耗、附加损耗、分光比、隔离度等。

(1) 插入损耗。插入损耗是指耦合器的某一输出端口所引入的功率损耗，第 i 个输出端口的插入损耗 L_i 定义为第 i 个输出端口的光功率 $P_{\text{out}i}$ 相对于输入端的光功率 P_{in} 之比的分贝数，即

$$L_i = -10\lg(P_{\text{out}i}/P_{\text{in}}) \tag{2-8}$$

（2）附加损耗。附加损耗是器件制造工艺质量的指标，反映器件的固有损耗，它是指总体输出总光功率 P_{out} 与输入光功率 P_{in} 之比的对数，即

$$L_E = -10\lg(P_{out}/P_{in}) \tag{2-9}$$

（3）分光比，分光比亦称耦合比，指第 i 个输出端口的光功率 P_{outi} 与输出总功率 P_{out} 之比，即

$$C_R = (P_{outi}/P_{out}) \times 100\% \tag{2-10}$$

（4）隔离度，隔离度是指光纤耦合器的某一光路对其他光路中的光信号的隔离能力。隔离度高，也就意味着线路之间的"串话"小。其定义是光纤耦合器的光路 P_t 与其他光路的光功率 P_{in} 之比的分贝数，即

$$L_I = -10\lg(P_t/P_{in}) \tag{2-11}$$

四、光偏振控制器

光偏振控制器用于控制光的偏振态（SOP），利用偏振态调整装置、偏振检测装置和微处理器控制装置等对光纤接收端处输出光的偏振态加以控制，如图 2-15 所示。

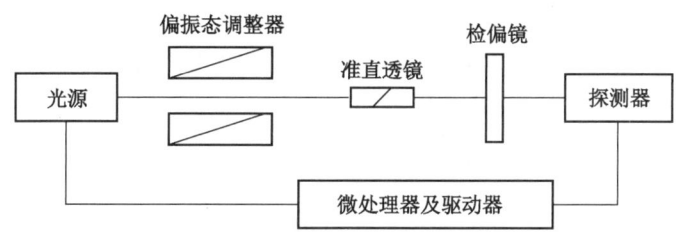

图 2-15 接收端偏振控制系统

（1）光纤挤压型。S_1、S_3 的挤压面与水平方向平行，S_2、S_4 的挤压面与水平方向成 45°，如图 2-16 所示。光纤受压时，被挤压段产生双折射，主延迟器 S_1、S_2 实现偏振控制，补偿延迟器 S_3、S_4 在 S_1、S_2 复位过程中发挥补偿的作用。

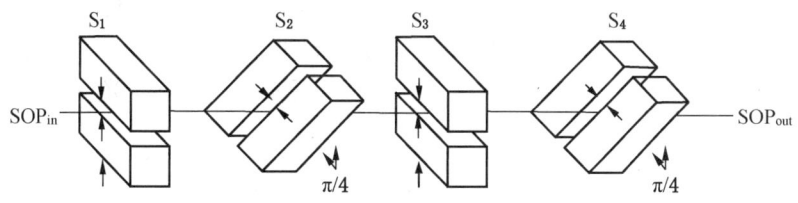

图 2-16 光纤挤压型偏振控制器

（2）膨胀收缩光纤环型。在 4 只伸缩圆柱体上绕上光纤，各柱体间保证 45°拼接，如图 2-17 所示。控制系统调节，4 只压电伸缩圆柱体通过光弹效应实现相位延迟。

（3）旋转相位片型。入射到控制器的偏振态经 $\lambda/4$ 相位延退器变换，成为倾斜的线

偏振态；经 $\lambda/2$ 相位延迟器变换，可得到所需的线偏振态，如图 2-18 所示。

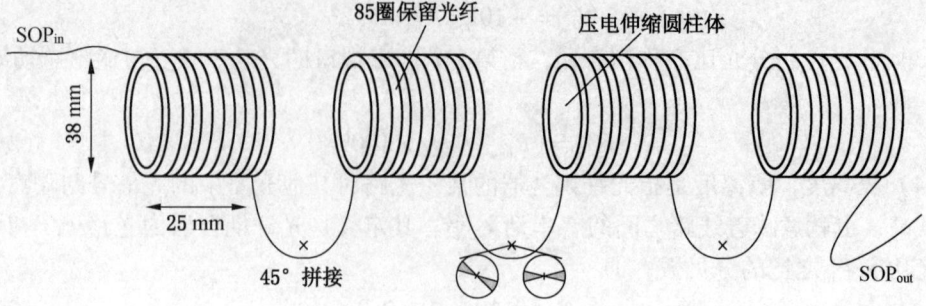

图 2-17　膨胀收缩光纤环型控制器

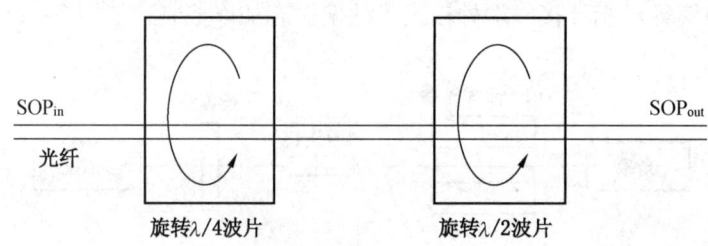

图 2-18　旋转相位片型偏振控制器

（4）旋转光纤圆环型。将单模光纤绕成圆圈，利用光纤弯曲引起光纤横截面内的应力产生各向异性的分布，通过光弹效应使光纤材料折射率分布发生变化，产生附加的应力双折射，引起导波偏振态变化。形成 λ/m 等效波片所需的光纤绕制圆圈的半径为

$$R(m,N) = 2\pi r^2 Nm/\lambda \qquad (2-12)$$

式中，r 为光纤包层半径；N 为光纤匝数。

调整光纤圈角度，改变光纤中双折射主平面方向以控制偏振方位角，如图 2-19 所示。当线圈转动 α 时，线圈的主轴也转动 α。光纤绕制成 $\lambda/4$、$\lambda/2$、$3\lambda/4$ 的形式，转动光纤圈平面，偏振方向转 $(1-t)\alpha$，石英光纤的扭转系数 $t=0.08$。光纤绕于三只鼓轮的

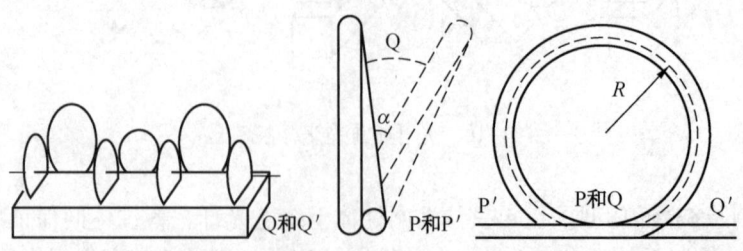

图 2-19　旋转光纤圆环型偏振控制器

周向槽（不能扭转），第一、三光纤圈控制出射光的偏振度，第二光纤圈控制出射光的偏振方向。插入损耗低，波长敏感，光纤弯曲半径不能过小。

（5）Faraday 旋光器型。第一只旋光器将入射偏振态转换成正椭圆偏振态，经 $\lambda/4$ 相位延迟器转换成斜线偏振光，由第二只旋光器变换成所需的偏振光，如图 2-20 所示。

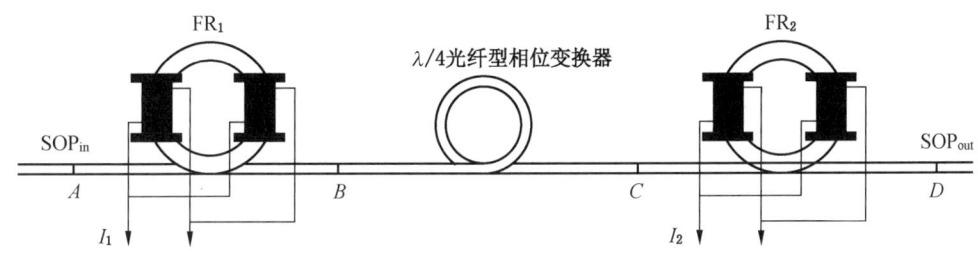

图 2-20　Faraday 旋光器型偏振控制器

五、光波分复用器

光波分复用器是对光波波长进行分离与合成的光纤无源器件。波分复用器分为合波器和分波器。一般波分复用器是光纤无源器件，也是互易的，因此将合波器反过来使用，也可以将单根光纤中多个波长的光分发到不同的光纤，即成为解复用器。

1. 光波分复用器的结构原理

（1）角色散型波分复用器是利用角色散元件来分离和合并不同波长的光信号，从而实现波分复用功能的器件。角色散元件有棱镜和光栅，实际使用的主要是光栅，特别是衍射光栅。输入光纤的光信号被透镜准直，经角色散元件，不同波长的光以不同的角度出射，由透镜汇聚到不同的输出光纤，如图 2-21 所示。为使准直透镜能接收从输入光纤来的全部光信号，透镜直径 b 满足：

$$b \geqslant 2fNA_f/n_s \tag{2-13}$$

式中，f 为透镜的焦距；NA_f 为光纤的数值孔径；n_s 为透镜的折射率。

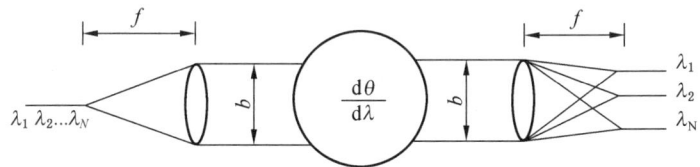

图 2-21　角色散型复用器件

角色散能力定义为相距单位波长间隔的光波散开角度，即

$$D_\theta = \frac{d\theta}{d\lambda} \tag{2-14}$$

若色散以线度度量,则单位波长间隔的光波在输出端产生的线色散为

$$\frac{\mathrm{d}x}{\mathrm{d}\lambda} = f\frac{\mathrm{d}\theta}{\mathrm{d}\lambda} \tag{2-15}$$

假设复用信道的波长间隔为 $\Delta\lambda$,各信道的光源发射单色光,尽量减小器件的固有插入损耗和串音,则线色散和光纤直径 d 满足:

$$d \leqslant \frac{\mathrm{d}x}{\mathrm{d}\lambda}\Delta\lambda \tag{2-16}$$

根据 Rayleigh 判据,对于波长分别为 λ 和 $\lambda' = \lambda + \Delta\lambda$ 的两条谱线,设其角间隔为 $\mathrm{d}\theta$,则谱线的半宽度 $\Delta\theta = \mathrm{d}\theta$ 是两谱线恰好能分辨的极限。元件能分辨的最小波长差为

$$\mathrm{d}\lambda_{\min} = \frac{\Delta\theta}{D_\theta} \tag{2-17}$$

光学元件的色分辨力定义为

$$R = \frac{\lambda}{\mathrm{d}\lambda_{\min}} \tag{2-18}$$

为减小复用信道的串音,复用信道的波长间隔应远大于器件能分辨的最小波长差。

(2) 干涉型波分复用器。干涉膜滤波器的滤光片是在玻璃衬底上镀上多层介质薄膜,这种介质膜具有高低两种折射率,它可以只让某一个波长的光通过,而其他波长的光被反射。当复色光通过时,由于干涉作用,对不同波长的光,有的通过干涉而加强,有的波长的光则因干涉而相消,所以多色光在通过干涉后就只有特定波长的光,从而起到了滤波的作用。经薄膜界面的多次反射和透射的光线性叠加,实现了选择介质膜系以构成长波通、短波通或带通滤光器,如图 2-22 所示。若入射光的折射角为 θ,则两束相邻且透过薄膜的光线 A_1 和 A_2 的几何路程差为

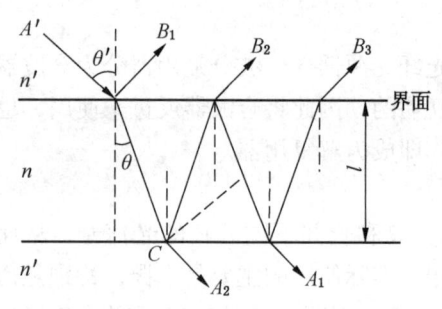

图 2-22 薄膜界面上的光反射和透射

$$\Delta l = AB + BC = l\cos^{-1}\theta + l\cos(2\theta)\cos^{-1}\theta = 2l\cos\theta \tag{2-19}$$

A_1 和 A_2 的光相位差为

$$\delta = 2\pi n\Delta l/\lambda \tag{2-20}$$

当相位差等于 2π 的整数倍时,A_1 和 A_2 同相并形成增强的透射波。

(3) 平面阵列波导光栅(AWG)。1882 年,Rowland 提出凹面光栅成像原理。1988 年,Smit 基于凹面光栅发展波分复用器件,如图 2-23a 所示。当多波长信号被耦合进某输入波导时,第一只平面波导发生衍射而耦合进阵列波导;阵列波导由很多长度依次递增的路径构成,中间接入波片以降低偏振敏感度。光经不同波导路径到达第二只平面耦合波导时,产生不同的相位延迟,在第二只耦合波导中相干叠加。利用波导对光进行限制和传输,在光的传播过程中引入较大的光程差,使光栅工作于高阶衍射,以此提高光栅的分辨力。根据光栅的相位匹配条件,只有光程彼此相差波长整数倍的光才能产生干涉或衍射而得以加强,如图 2-23b 所示,光栅方程为

$$n_s d\sin\theta_i + n_c \Delta L + n_s d\sin\theta_0 = m\lambda \qquad (2-21)$$

式中，$\theta_i = i\Delta x/L_f$ 和 $\theta_0 = j\Delta x/L_f$ 为输入或输出平面波导的衍射角；m 为光栅的衍射阶数，n_s 和 n_c 为平面波导和输入或输出波导的有效折射率；i 和 j 是输入或输出波导序号。

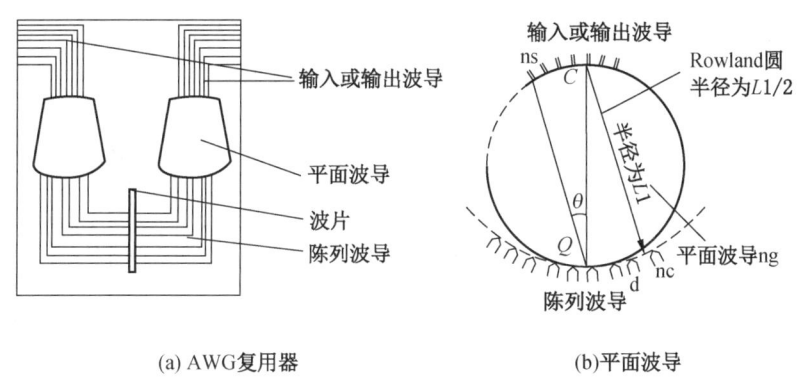

图 2-23 平面阵列波导光栅型波分复用器

2. 光波分复用器的技术指标

光波分复用器件的主要技术指标有插入损耗、带宽、工作波长和信道隔离度 4 个。

(1) 插入损耗。插入损耗是波长为 λ_i 的输出光 P_{ii} 与输入光 P_i 之比的分贝数，即

$$L_{iii} = -10\lg(P_{ii}/P_i) \qquad (2-22)$$

(2) 工作波长。工作波长确定了 WDM 通道的工作波长，如 1310 nm/1550 nm 的 WDM 表示有两个工作波长 1310 nm/1550 nm，980 nm/1550 nm 的 WDM 表示有两个工作波长 980 nm 和 1550 nm。对于 CWDM，ITU 的标准是间隔 20 nm，如在 1510 nm、1530 nm、1570 nm 都是 ITU 的工作波长。

(3) 带宽。工作带宽反映了 WDM 通道的带宽，一般定义为 3 dB 带宽。WDM 要求工作的通带顶部平坦，而过渡带陡峭。

(4) 信道隔离度。隔离度是指器件输出端口的光进入非指定输出端口光能量的大小。波分复用器与耦合器的隔离度定义类似。

六、光隔离器与光环行器

光隔离器与光环行器是非互易光纤无源器件。光隔离器的基本功能是实现光信号的正向传输，同时抑制方向光，即具有不可逆性。光环行器只允许某端口的入射光从确定端口输出而反射光从另一端口输出。在光隔离器中，信号沿正向传输损耗低，反向传输损耗大；在光环行器中，光信号只能沿规定的光路环行，否则损耗大。

1. 光隔离器

光隔离器由两个线偏振器中间加一只法拉第旋转器构成。起偏器由偏振片或双折射晶体构成，实现由自然光得到偏振光；磁光晶体制成的法拉第旋转器，完成对光偏振态的非互易调整；检偏器实现将光线汇聚平行出射。不管光的传播方向如何，迎着外加磁场的磁

感应强度方向观察，偏振光按顺时针方向旋转。这就是法拉第效应旋向的不可逆性。

（1）偏振相关的光隔离器由一对偏振方向呈45°旋转的偏振片和45°Faraday旋光片构成，如图2-24所示。正向传输时，入射光是与起偏器方向平行的偏振光，否则将增加3 dB损耗；光正向通过旋光片后，其偏振方向沿与磁场成右手螺旋方向旋转45°，与检偏器平行，可低损耗传输。光反向传输时，经检偏器后偏振方向与起偏器成45°，再经旋光片后旋转45°，光的偏振方向与起偏器垂直，从而实现光隔离。

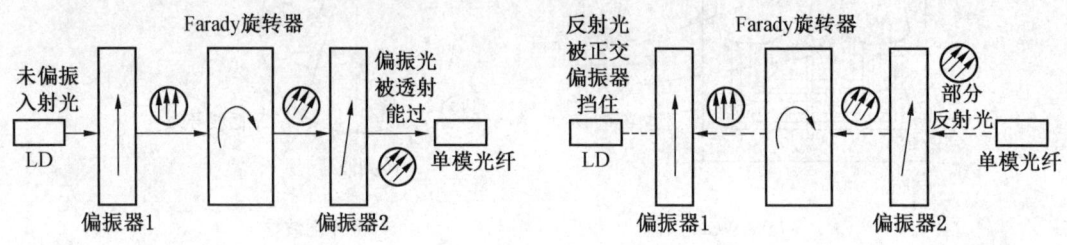

图2-24 偏振相关的光隔离器

（2）偏振无关的光隔离器由一对偏振分光镜（SWP）、45°Faraday旋光片和$\lambda/2$互易旋光片（波片或石英片）构成，如图2-25所示。光正向传输时，被偏振分光镜分解为偏振方向相互垂直的两束线偏振光，经Faraday旋光片偏振方向分别沿右手螺旋方向旋转45°，再经互易旋光片后，又沿左手螺旋方向旋转45°，偏振方向恢复原态，由第二只偏振镜合光输出，损耗低。光反向传输时，偏振方向在两只旋光片中的旋转方向一致，合成旋转90°，从而实现光隔离。该隔离器的正向插入损耗小于1.5 dB，反向隔离大于30 dB。

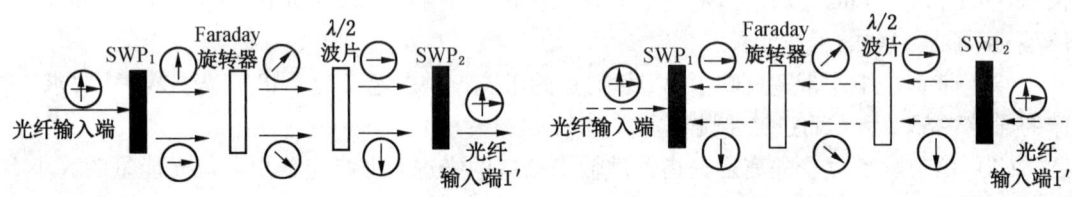

图2-25 偏振无关的光隔离器

2. 光环行器

光环行器主要用于将光纤中传输的正向（输入）和反向（输出）光信号分开，光环行器常用于光时域反射仪、反射式光纤传感器、单端耦合光放大器等。光环行器的主要组成部件为双折射分离元件、法拉第旋转器和相位旋转器。双折射分离元件不仅能使入射光分离成相互正交的偏振光，而且两者具有一定的分裂度，即在空间上可以分离开来。

（1）三端口光环行器沿1→2→3的光路单向环形，如图2-26所示。双折射光束位移器由强双折射材料制成，将输入的非偏振光分成垂直偏振与水平偏振，水平偏振光沿直线通过，而垂直偏振光向上偏折（1→2）；Faraday旋转器将正向或反向传输的偏振方向旋转45°，光通过一个来回，偏振方向旋转90°。光从位相延迟波片的正方向通过时，偏振方向旋转45°；从反方向通过时，偏振反向旋转45°。

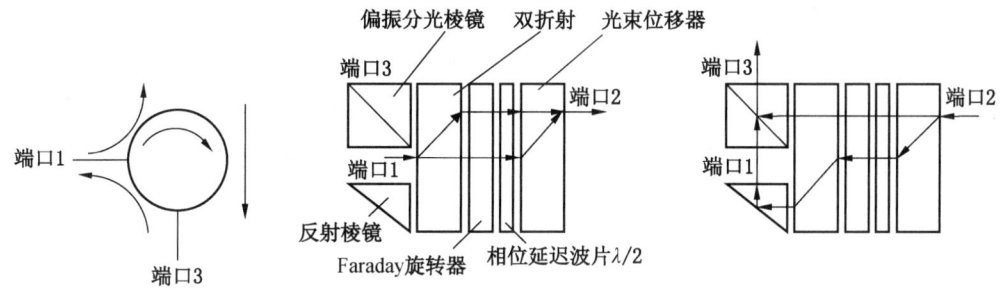

图 2-26 三端口光环行器

（2）四端口光环行器中，当光由端口1输入时，由YIG晶体和石英旋转片构成的旋光系统不改变光的偏振方向，合光由端口2输出；当光由端口2输入时，两束线偏振光的偏振方向各自旋转90°，合光由端口3输出；当光由端口3输入时，光的偏振方向不变化，合光由4端口输出，如图2-27所示。作为偏振分光镜的偏振棱镜在两直角棱镜的斜面上镀制偏振分光膜并胶合而成，棱镜设计成双平行平面形，使线性偏振光沿平行方向传播。

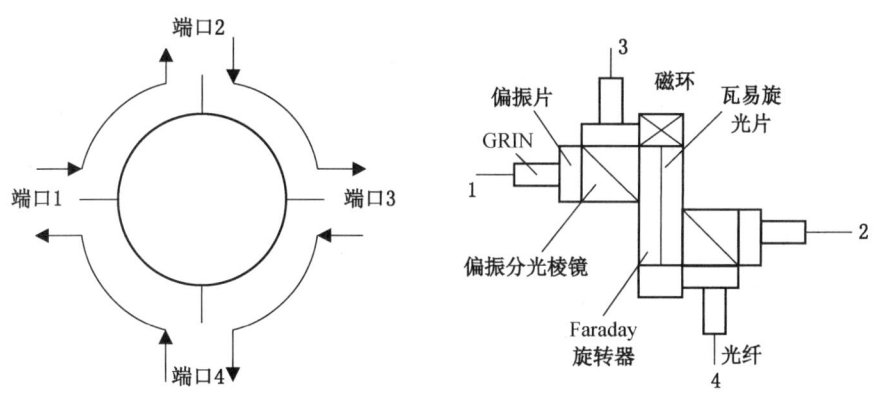

图 2-27 四端口光环行器

3. 光隔离器与光环行器的性能指标

（1）光隔离器的插入损耗来源于偏振器和法拉第旋转器，定义为正向传输时输出光功率 P_2 与输入光功率 P_1 之比的分贝数，即

$$L_1 = -10\lg(P_2/P_1) \tag{2-23}$$

高质量的光隔离器的正向插入损耗应在 0.5 dB 以下。对于实际选用的光隔离器起来说，插入损耗越小越好。

（2）反向（逆向）隔离比反映隔离器对反向传输光的衰减能力，定义为反向（逆

向）传输时光功率 P'_R 与输入光功率 P' 之比的分贝数，即

$$I_{SO} = -10\lg(P'_R/P') \qquad (2-24)$$

七、光开关

光开关有一个或多个可选择的传输端口，是可对光传输线路或集成光路中的光信号进行相互转换或逻辑操作的器件。端口是指连接于光器件中允许光输入或输出的光纤或光纤连接器。光开关可用于光纤传感系统，起到开关切换作用。实现对不同光纤上的传感器进行分时检测，因此在扩大传感器的容量方面有重要的应用价值。

根据其工作原理，光开关可分为机械式和非机械式两大类。机械式的光开关在重要性、速度、寿命、损耗方面较非机械式的性能差，但在偏振特性、带宽、价格方面具有优势，因此需要根据用途进行选择。

机械光开关靠光纤或光学元件移动使光路发生改变，插入损耗小于 2 dB；隔离度大于 45 dB；不受偏振和波长的影响；开关时间为毫秒量级，存在回跳抖动，重复性较差等缺点。机械式光开关可分为移动光纤、移动套管、移动准直器、移动反光镜、移动棱镜、移动耦合器等种类。在移动光纤式光开关中，通过移动活动光纤与固定光纤中的不同端口相耦合，实现光路切换，如图 2-28 所示。端口较少的光开关多采用这种结构。非机械光开关切换没有机械运动装置，因此在寿命、抗冲击等方面有明显优势，包括电光开关、声光开关等。

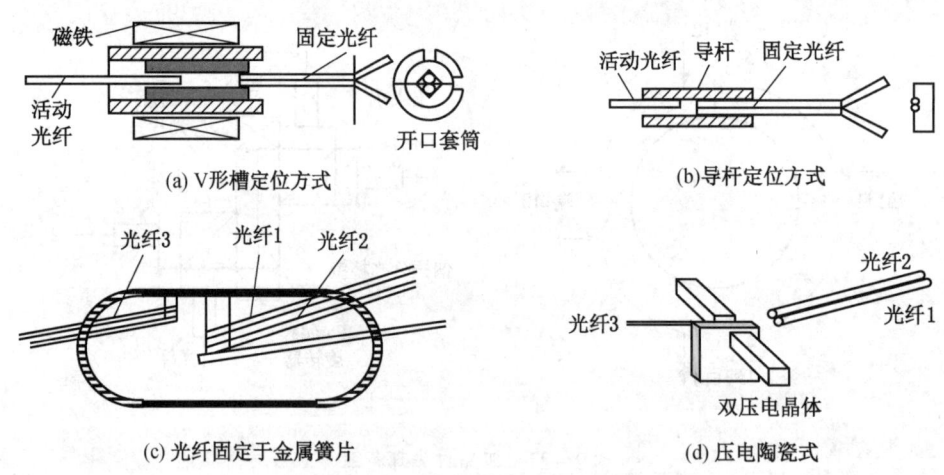

图 2-28 移动光纤式光开关

描述光开关的评价指标如下：

（1）光开关的插入损耗定义为输出光功率 P_{out} 与输入光功率 P_{in} 之比的分贝数，即

$$L_1 = -10\lg(P_{out}/P_{in}) \qquad (2-25)$$

（2）光开关的回波损耗（反射损耗或反射率）定义为输入端的返回光功率 P_r 与输入光功率 P_{in} 之比的分贝数，即

$$L_R = -10\lg(P_r/P_{in}) \tag{2-26}$$

(3) 光开关的隔离度定义为两个相隔离输出端口 m、n 处光功率之比的分贝数，即

$$I_{n,m} = -10\lg(P_{in}/P_{im}) \tag{2-27}$$

式中，P_{in} 和 P_{im} 分别是光从端口 i 输入时，在端口 n 和端口 m 处测得的光功率。

(4) 当输出端口 i 接通时，若 P_i 是从端口 i 输出的光功率；P_j 是从端口 j 输出的光功率，则远端串扰为

$$C_{Fij} = -10\lg(P_j/P_i) \tag{2-28}$$

(5) 端口 i 与匹配终端相连接，若 P_i 是输入到端口 i 的光功率，是端口 j 接收到的光功率，则近端串扰定义为

$$C_{Nij} = -10\lg(P_j/P_i) \tag{2-29}$$

(6) 光开关的消光比定义为两端口处于导通和非导通状态的插入损耗之差，即

$$R_{Enm} = L_{1nm} - L_{1nm}^0 \tag{2-30}$$

式中，L_{1nm} 为 n、m 端口导通时的插入损耗；L_{1nm}^0 非导通状态的插入损耗。

八、光滤波器

光滤波器是一种用于改变光谱组成成分的光学器件。WDM 系统有三种重要的滤波器：频带小于中心频率或工作频率 0.1% 时的线通（窄带）滤波器；在波谱范围的中心波长及其附近波长范围内有高透射率，而在其他波长处透射率骤然下降的带通滤波器；在一定波长处透射与反射有一个突变的截止滤波器。

1. 干涉滤波器

干涉滤波器是一种由一块平板玻璃上交替沉积多层具有高低不同折射率的两种介质材料的薄层中，如图 2-29 所示，干涉滤波器选择透射的波长为

$$m\lambda = 2nb\cos\theta \tag{2-31}$$

式中，m 是整数；n 是薄层的折射率；b 是薄层的厚度；θ 是入射光与法线的夹角。

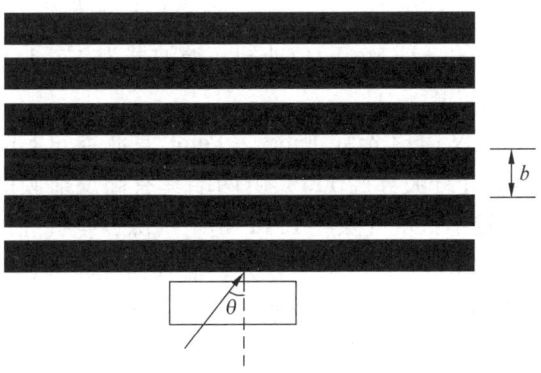

图 2-29 干涉滤波器中的波长选择透射

2. 光纤 Mach-Zehnder 滤波器

激光器发出的相干光分别送入 MZI 的探测臂和参考臂,输出的两激光束叠加后产生干涉效应,如图 2 – 30 所示。根据耦合模理论,光纤 MZI 的传输特性为

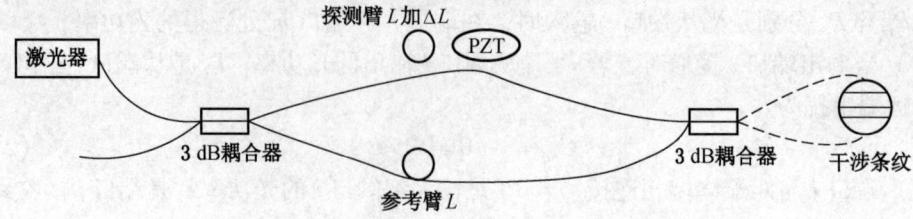

图 2 – 30　光纤 Mach – Zehnder 滤波器

$$\begin{cases} T_{1\to 3} = \cos^2(\varphi/2) \\ T_{1\to 4} = \sin^2(\varphi/2) \end{cases} \quad (2-32)$$

其中

$$\varphi = 2\pi n f \Delta L/c \quad (2-33)$$

式中,$T_{i\to j}$ 是输入端 i 与输出端 j 的光功率比率;光频的变化频率 f_s 是

$$f_s = c\Delta L/(2n) \quad (2-34)$$

因此,如果两个频率各为 f_1 和 f_2 的光波从端 1 输入,而且 f_1 和 f_2 分别满足:

$$\begin{cases} \varphi_1 = 2\pi n f_1 \Delta L/c = 2\pi m, \\ \varphi_2 = 2\pi n f_2 \Delta L/c = 2\pi (m+1/2), \end{cases} m = 1,2,3,L \quad (2-35)$$

则 $T_{1\to 3} = 1$,$T_{1\to 4} = 0$,$f = f_1$;$T_{1\to 3} = 0$,$T_{1\to 4} = 1$,$f = f_2$。

在满足式(2 – 39)的条件下,端 1 输入频率不同的光波被分开,间隔为

$$f_c = f_s = c/(2n\Delta L)$$
$$\Delta\lambda = \lambda_1\lambda_2/(2n\Delta L) \quad (2-36)$$

该滤波器的频率间隔必须精确控制在 f_c 上,所有信道的频率间隔都必须是 f_c 的倍数。随着频率信道的增加,所需的光纤 Mach – Zehnder 滤波器为 $2^n – 1$(2^n 是光频数)个。

3. Fabry – Perot 光纤滤波器

光纤 Fabry – Perot 干涉仪构成光纤 Fabry – Perot 滤波器(Fiber Fabry – Perot Filter,FFPF),如图 2 – 31 所示。光纤波导腔 FFPF 由两端具有高反射膜的光纤构成,腔长范围为 $10^{-2} \sim 10$ m,自由谱区较小;空气隙腔 FFPF 是空气隙,空气腔的模场分布和光纤的模场分布不匹配,腔长小于 10 μm,自由谱区较大,插入损耗较大;在两边光纤中间加一段长度为 $10^{-2} \sim 1$ m 的中间光纤以调整其自由谱区,并改善空气隙腔 FFPF 存在的模式失配和插入损耗。

光纤 Fabry – Perot 滤波器的传输特性如下所述。

(1) 自由谱区(Free Spectrum Range,FSR)是光纤滤波器的调谐范围,定义为光滤波器相邻两个透过峰之间的谱宽,即

$$FSR = \lambda_1 - \lambda_2 \quad (2-37)$$

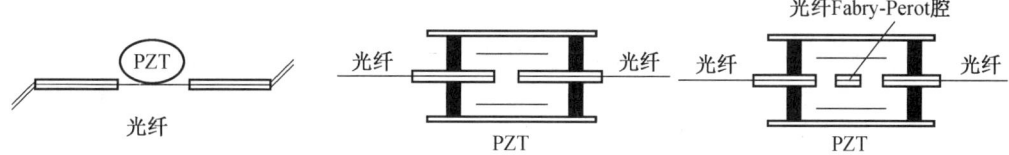

图 2-31 光纤 Fabry-Perot 滤波器

(2) 带宽（Band Width, BW）δ_λ 定义为谐振峰 50% 处的光谱宽度。

(3) 精细度（Finesse, F）定义为自由谱区与谱宽（带宽）的比值，即

$$N = \text{FSR}/\delta_\lambda \tag{2-38}$$

(4) 插入损耗 a_i 反映入射光 P_1 经光纤滤波器后出射光 P_2 的衰减程度，即

$$\alpha_i = -10\lg(P_2/P_1) \tag{2-39}$$

(5) 峰值透过率 τ 定义为峰值波长处测量的输入光功率 P_i 和输出光功率 P_o 之比，即

$$\frac{P_i}{P_o} = \frac{|E^{(i)}|^2}{|E^{(o)}|^2} = \left[\frac{1-R-A}{1-R-\alpha R}\right]^2 \frac{1}{1+F'\sin^2(\delta/2)} \tag{2-40}$$

式中

$$E^{(i)} = \sum_{p=1}^{\infty} E_p^{(i)} = t^2 E_0 [1-(1-\alpha)r^2 e^{-i\delta}]^{-1} \tag{2-41}$$

$$\delta = 4\pi n_1/\lambda \tag{2-42}$$

$$F' = 4(1-\alpha)R[1-(1-\alpha)R]^{-2} \tag{2-43}$$

$$R = r^2 \tag{2-44}$$

式中，n_1 是光纤芯的折射率；L 是光纤长度；λ 是工作波长。精细度 N 和透过率 τ 为

$$N = \pi\sqrt{(1-\alpha)R}[1-(1-\alpha)R]^{-1}$$

$$\tau = (1-R-A)/(1-R+\alpha R) \tag{2-45}$$

(6) 腔内损耗 a 主要由光纤端面和反射镜的耦合损耗引起，耦合损耗主要有 3 个方面：①反射镜与光纤端面之间的距离 d，d 越大损耗越大；当 $d=6$ μm 时，损耗为 0.5%；可在光纤端面直接镀多层介质膜。②光纤端面（芯部）的不平度。③光纤轴与反射镜平面法线不平行：当夹角小于 0.1°时，耦合损耗小于 0.2%；当夹角小于 0.2°时，耦合损耗小于 0.8%。

第二节 光纤有源器件

光纤有源器件在实现功能时发生光电能量转换。光纤有源器件大致可分为两类：光源和探测器，这两种器件也是构成光纤传感器的基础，任何一个光纤传感器系统，都必须包含光源和探测器，而且这两个器件的价格也是构成光纤传感系统的主要成本之一。

一、掺稀土光纤激光器

在掺稀土光纤激光器中，泵浦光将光纤中稀土离子的基态电子激发到高能态，并以非辐射形式（声子）弛豫到寿命较长的亚稳态，然后以辐射形式（光子）释放能量回到基态；自发发射光子经光学谐振腔反馈回增益介质（光纤）诱发新的辐射跃迁（受激辐射），如图 2-32 所示。

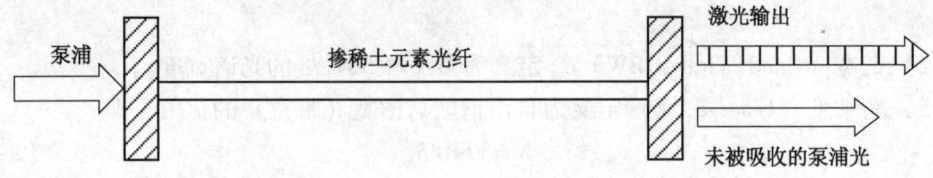

图 2-32　光纤激光器的原理图

在光纤中往返一次后，输出光功率 P 与输入光功率 P_0 之比为

$$P/P_0 = r_1 r_2 e^{2(G-a_0)L} \tag{2-46}$$

式中，r_1 和 r_2 分别为谐振腔的两个介质膜镜的反射率；L 是掺杂光纤的长度；G 为增益系数；除反射镜的损耗外，每单位长度上平均损耗系数为 a_0。光子始于自发发射，经反馈谐振，获得增益。当光子在谐振腔内获得的增益大于其在腔内所遭受的损耗，即

$$G \geqslant \alpha_0 - (2L)^{-1} \ln(r_1 r_2) \tag{2-47}$$

时就在谐振腔的输出端输出激光。

1. 光纤激光器的谐振腔

掺稀土光纤对泵浦光和激射光都以单横模传播，入射面镜对泵浦光全透射和对激射光全反射，以有效利用泵浦光并防止泵浦光谐振造成光输出不稳定；输出面镜对激射光部分透射，获得激射光反馈和激光输出，反射泵浦光到光纤再泵浦基态粒子跃迁。

（1）光纤横向耦合的 Fabry-Perot 腔是泵浦光输入和激光输出均直接通过光纤端面。耦合器在低耦合比时有高的谐振腔精细常数，如图 2-33a 所示；高耦合比时才有高的谐振腔精细常数，如图 2-33b 所示。

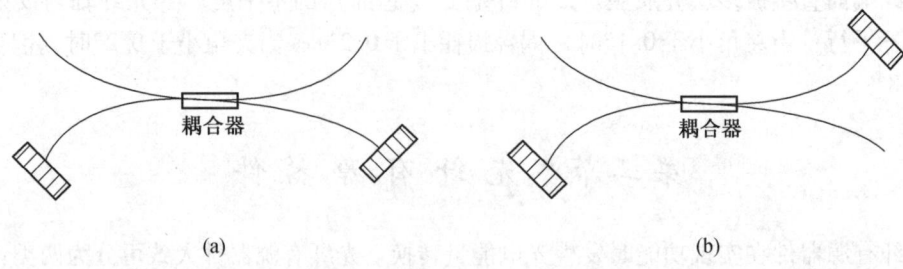

图 2-33　光纤横向耦合的 Fabry-Perot 腔

(2) 光纤环形谐振腔将光纤耦合器的两臂熔为固定接头,如图 2-34a 所示,虽不降低激光器阈值,但降低斜率效率;采用如图 2-34b 所示的结构,腔内损耗小,精细常数高。忽略耦合器和光纤的损耗,则透射率 T 和反射率 R 为

$$\begin{cases} T = (1-2k)^2 \\ R = 4k(1-k) \end{cases} \tag{2-48}$$

式中,k 是分光比。当 $k=0$ 或 1 时,$R=0$,$T=1$;当 $k=1/2$ 时,$T=0$,$R=1$。

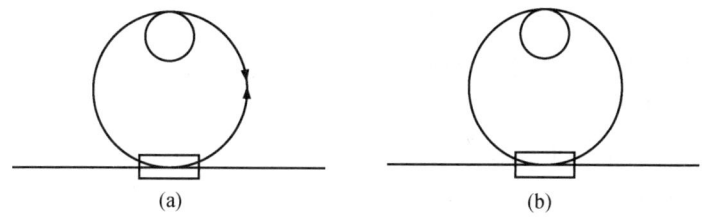

图 2-34 光纤环形谐振腔

(3) 光纤环路反射器是一种非谐振干涉仪,如图 2-35 所示。泵浦光从耦合器的一个端口输入,经耦合器分为按顺逆时针方向传播的光,在分路器相干叠加后,从输入和输出端分别输出反射波和透射波。不考虑双折射时,透射率 T 和反射率 R 分别为

$$\begin{cases} T = (1-r)^2 e^{-2\alpha l}(1-2k)^2 \\ R = (1-r)^2 e^{-2\alpha l} 4k(1-k) \end{cases} \tag{2-49}$$

式中,r 为耦合器的附加损耗;k 为分光比;α 为光纤的损耗系数;l 为光纤长度。

两环路串联构成一个光纤谐振腔,如图 2-36 所示,这两只光纤耦合器起到腔镜的反馈作用,由式(2-49)可知,耦合器的振幅透射率和反射率分别为

$$\begin{cases} t_j = (1-2k_j)(1-r_j) e^{-\alpha l_j} \\ r_j = 2k_j^{1/2}(1-k_j)^{1/2}(1-r_j) e^{-\alpha l_j} \end{cases} \tag{2-50}$$

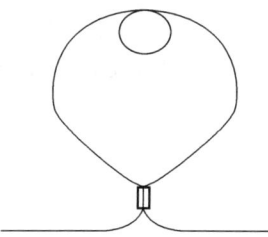

图 2-35 光纤环路反射器

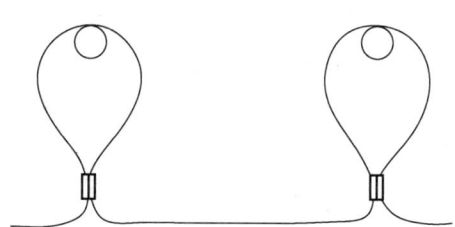

图 2-36 双光纤环路谐振腔

考虑相位变化,则式(2-50)可改写为

$$\begin{cases} t_j' = (1-2k_j)(1-r_j) e^{-(\alpha+i\beta)l_j} = t_j e^{-i\beta l_j} \\ r_j' = i2k_j^{1/2}(1-k_j)^{1/2}(1-r_j) e^{-(\alpha+i\beta)l_j} = ir_j e^{-i\beta l_j} \end{cases} \tag{2-51}$$

式 (2-51) 中，$j=1$ 或 2；光波的传播常数 $\beta=2\pi/\lambda$；l_1 和 l_2 分别为两耦合器的光纤长度。若光波在腔内形成振荡，则输出光功率 P 与初始光功率 P_0 之比为

$$P/P_0 = t_2^2 e^{-2\alpha l}(1-r_1 r_2 e^{2\alpha l})^{-2} - 4r_1 r_2 e^{-2\alpha l}\sin[\beta(l+l_1/2+l_2/2)] \quad (2-52)$$

式中，l 为两耦合器之间的光纤长度。

谐振腔的谐振条件为

$$\beta(l+l_1/2+l_2/2) = (2m+1)\pi/2, \quad m=0,1,2,\cdots \quad (2-53)$$

由式 (2-53) 可得出谐振腔的有效长度为

$$L = l + l_1/2 + l_2/2 = (2m+1)\lambda/4 \quad (2-54)$$

因此，产生激光振荡的条件是有效腔长为激光波长 1/4 奇数倍。

2. 可调谐光纤激光器

利用 514 nm 的 Ar^+ 激光器泵浦，单模掺钕光纤激光器的可调谐带为 80 nm，如图 2-37a 所示；单模掺铒光纤激光器的可调谐带为 14 nm 和 11 nm，如图 2-37b 所示。

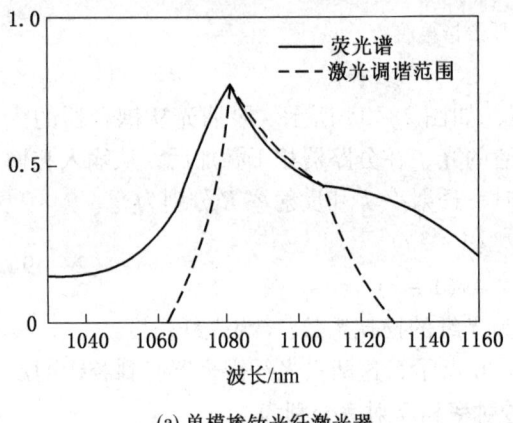
(a) 单模掺钕光纤激光器

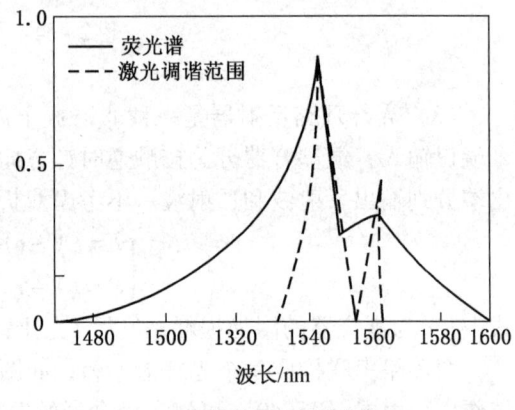
(b) 单模掺铒光纤激光器

图 2-37 单模掺杂光纤激光器的调谐范围和荧光谱

(1) 组合反射镜和光栅式谐振腔构成的可调谐光纤激光器利用分束镜导出激光，如图 2-38 所示。若激光中心波长 λ 对应的闪耀级次为 M 级，闪耀角为 α，则光栅方程为

$$2d\sin\alpha = M\lambda \quad (2-55)$$

式中，d 为光栅常数。

根据式 (2-55)，λ 对 α 微分，得

$$\frac{d\lambda}{d\alpha} = \frac{2d\cos\alpha}{M} \quad (2-56)$$

因此，光栅的分辨力 R 为

$$R = \frac{\lambda}{\Delta\lambda} MN \quad (2-57)$$

式中，N 为光栅的有效总刻线；$\Delta\lambda$ 为偏离中心波长 λ 的波长。

(2) 组合反射镜和光纤环路反射器式谐振腔构成的可调谐光纤激光器利用氩离子泵

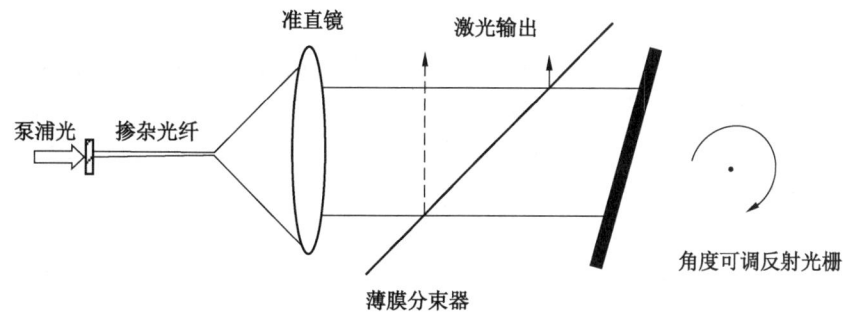

图 2-38 组合反射镜和光栅式谐振腔构成的可调谐光纤激光器

浦激光器,基模光束经 20 倍的物镜聚焦到输入镜。把光纤切成倾角后粘接到输入镜,输入镜对泵浦波长的反射率为 5%,对激光波长的反射率大于 95%。掺杂光纤与(未)掺杂光纤圈反射器熔接在一起形成谐振回路,激光由光纤圈自由臂的光纤输出,如图 2-39 所示。

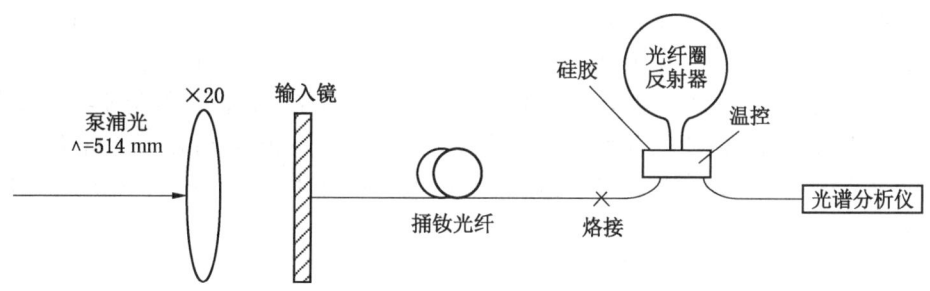

图 2-39 组合反射镜和光纤环路反射器式谐振腔构成的可调谐光纤激光器

对于采用波长平坦光纤制成的光纤环形腔,与波长有关的耦合器分光比 $k = k(\lambda)$ 变化较缓慢,这种过耦合效应引起反射率的周期变化,即

$$R(\lambda) = (1 - \gamma^2) e^{-2\alpha l} \sin^2(2P\lambda) \tag{2-58}$$

式中,P 为响应输出口的光功率。

改变 $k(\lambda)$ 可调节反射最大值的光谱位置,即

$$R(\lambda) = (1 - \gamma^2) e^{-2\alpha l} \sin^2(2P\lambda + \varphi) \tag{2-59}$$

式中,φ 是与 k 对扰动的灵敏度有关的相移。

相移 φ 随耦合器温度 T 的变化为

$$R(\lambda) = (1 - \gamma^2) e^{-2\alpha l} \sin^2[2P\lambda + \varphi(T)] \tag{2-60}$$

式(2-60)中 $\varphi(T)$ 与温度呈线性关系,即

$$\varphi(T) = S_T T \tag{2-61}$$

式中，S_T 为波长移位温度系数。

3. 窄带光纤激光器

（1）光纤 Bragg 光栅激光器。光纤埋入块状硅材料的抛光露出纤芯表面制作光栅，如图 2-40 所示。光纤 Bragg 光栅（FBG）作为分布式反馈反射器产生窄带 Bragg 反射。光纤的一端粘接介质膜镜，泵浦光由介质膜腔镜处引入，光纤单纵模掺钕光纤激光器的输出线宽可达 1.3 MHz。

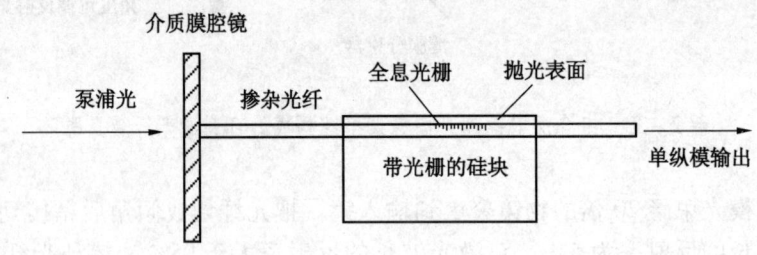

图 2-40　环形光纤反射器中调节耦合器分束比的温控装置

（2）Fox-Smith 光纤谐振腔激光器。Fox-Smith 光纤谐振腔激光器利用镀在光纤端面上由高反射镜与光纤耦合器组合成的一种复合谐振腔，如图 2-41 所示，组合具有一个共同臂的两个横向耦合光纤 Fabry-Perot 腔，当两个腔的腔长近似相等但不精确相等时，这种复合腔有抑制激光纵模的作用，可获得窄带激光（单纵模）输出。光纤 Fox-Smith 谐振腔对外界的温度波动及振动很敏感，影响两个子腔同时达到谐振点，则应考虑热稳定和防振问题。

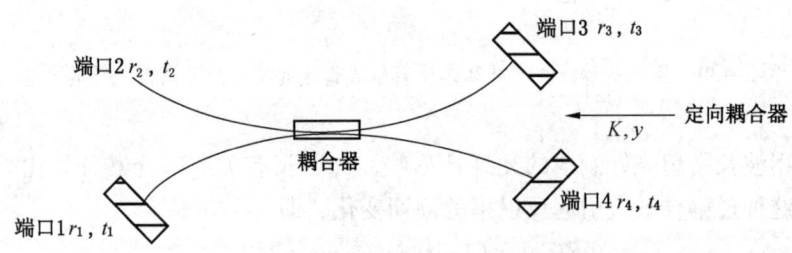

图 2-41　Fox-Smith 光纤谐振腔激光器

（3）光纤 Mach-Zehnder 谐振腔激光器。光纤 Mach-Zehnder 谐振腔激光器利用反射式 Mach-Zehnder 干涉仪（图 2-42）作为光纤激光器的反射调制器而发挥 Q 开关的作用。

4. 双包层光纤激光器

双包层光纤在常规光纤中增加一个大于 100 μm 的内包层，数值孔径为 0.36，如图 2-43 所示，纤芯掺入 Rb、Er、Mn、Sn 等稀土元素。内部的泵浦包层被外层不掺杂的

图 2-42 Mach-Zehnder 干涉仪

具有更低折射率的玻璃包层覆盖。多模二极管泵浦光经光纤端面射入泵浦包围，周期穿越掺杂单模光纤核心，并在纤芯中产生粒子数反转，泵浦光在内包层中反射并多次穿越纤芯并被掺杂离子吸收，将泵浦光高效转换为单模激光。

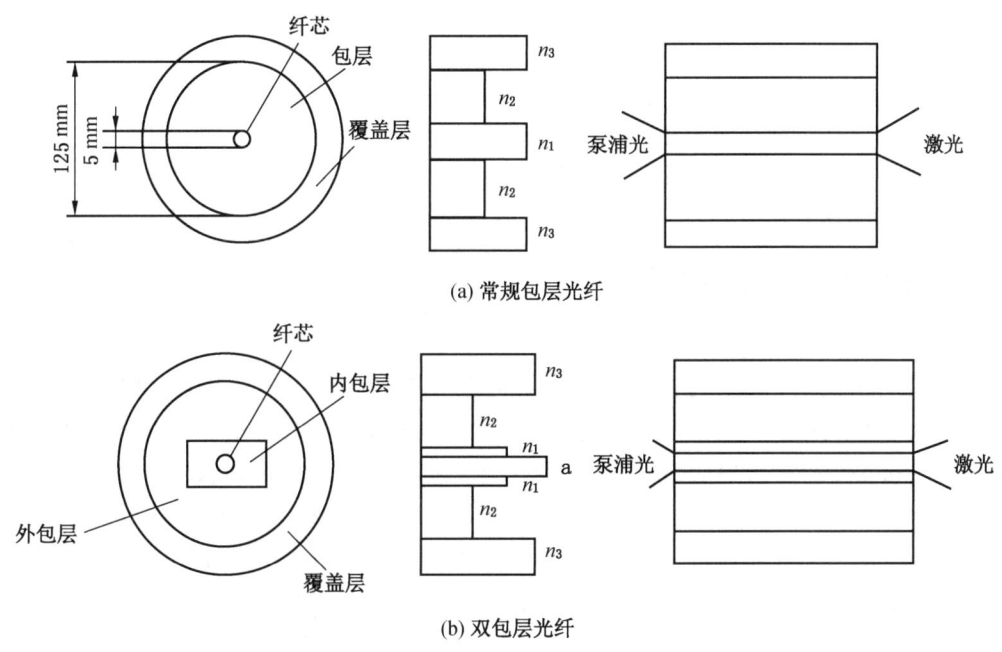

图 2-43 光纤激光器的结构

5. 全加固侧面并行泵浦光纤激光器

全加固侧面并行泵浦光纤激光器的泵浦光纤具有与其他光学元件或增益级自由熔结的多面体结构，泵浦光可从多点注入包层，如图 2-44 所示。光纤只支持基本的空间模式，光纤激光器的光束质量不受激光功率运作的影响。

6. 光纤激光器的特点

光纤激光器将泵浦激光波长转换为掺稀土离子的激射波长，其特点如下：

（1）光束质量好，具有较高的单色性、方向性和稳定性。

（2）半导体激光二极管的短波长泵浦源与稀土离子吸收光谱相对应。

（3）光纤是激光增益介质，又是光的导波介质。纤芯直径小，芯层有较高的功率密度，激光阈值低，综合电光效率大于20%，光转换效率大于60%。

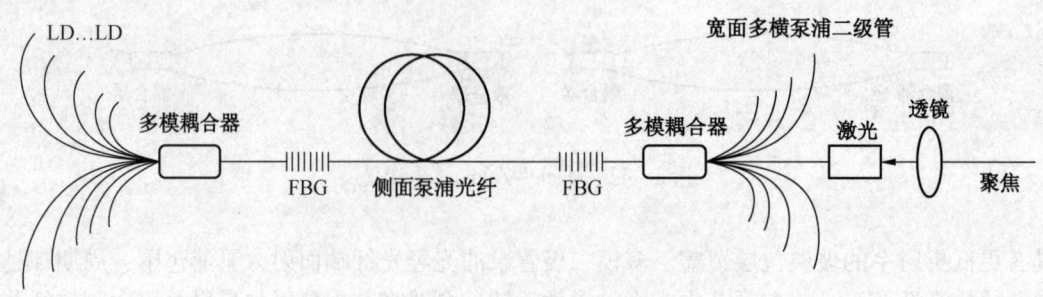

图2-44 侧面泵浦的光纤激光器

（4）掺杂稀土离子光纤激光器在380～3900 nm的宽带范围内实现激光输出。

（5）SiO_2的温度稳定性良好，圆柱结构表面积体积比高，散热快，环境温度为-20～70 ℃，工作物质热负荷小，无须冷却系统，能产生高亮度和高峰值功率。

（6）光纤激光器与常规传输光纤和光纤器件相容，易于光纤集成。

（7）较强的环境适应能力，对灰尘、振荡、冲击、湿度、温度有较高的容忍度。

二、光纤非线性效应激光器

1. 光纤受激Raman散射激光器

受激Raman散射是高强度激光与光纤中的分子振动模式（光学声子）相互作用产生的一种三阶非线性光学效应，入射光被声子散射产生Stokes频移。量子力学描述为入射光的一个光子被一个分子散射成为另一个低频分子，同时分子完成振动态之间的跃迁。石英光纤中的Raman增益g_r有~40 THz的频率范围，并在13 THz（440 cm^{-1}）附近有一个较宽的主峰。有源增益介质通常采用掺GeO_2或P_2O_5光纤，其中，GeO_2掺杂光纤的Stokes偏移为440 cm^{-1}，而P_2O_5掺杂光纤为1330 cm^{-1}。在光纤两端加上具有适当反射率的反射镜，可为一定波长的受激Raman散射产生的Stokes光提供反馈，使之在传输过程中放大，形成激光振荡，成为Raman光纤激光器（Raman Fiber Laser，RFL）。当泵浦光功率足够强，生成的Stokes光又激起第二级，乃至更高级次的Stokes光，从而形成级联受激Raman散射。通过级联的多次Raman频移可将泵浦光能量转化到所需的波长。

线形腔RFL采用Bragg光栅作为其谐振腔的反射镜，如图2-45所示。泵浦源为1060 nm波长掺Yb^{3+}光纤激光器的输出功率为4.2 W，泵浦高掺杂长为100 m的磷硅光纤，使用两对FBG构成线形腔，其中输出端的FBG反射率为30%，其余均为高反，获得最大输出功率为1.9 W，转换效率为45%，量子效率为62%。

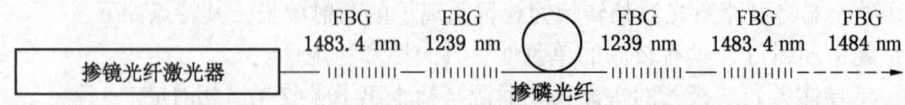

图2-45 线性腔光纤Raman激光器

在环形光纤 Raman 激光器中,除光纤光栅 1480A 的反射率为 90% 外,其他光纤光栅的反射率均大于 99%,Raman 光纤 A 和 B 是长度分别为 120 m 和 220 m 的色散补偿光纤(DCF),如图 2-46 所示。在工作波长为 1313 nm 的 Nd:YLF 激光器泵浦作用下,二极 Stokes 波长为 1480 nm 和 1500 nm。在 3.2 W 的泵浦下,可获得大于 400 mW 的激光输出。通过调整光纤光栅 1480B 的反射率,可对输出波长的功率进行控制和调整。

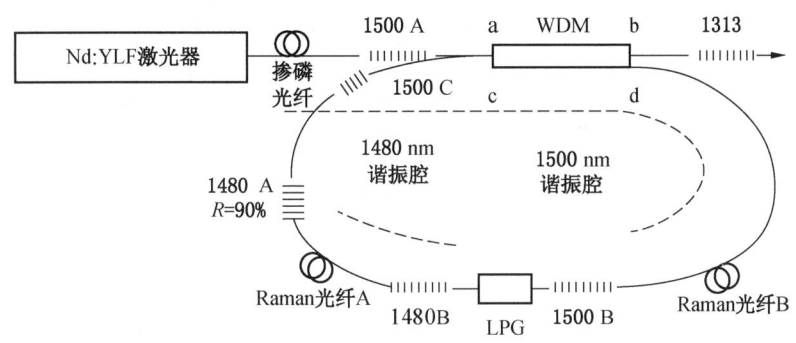

图 2-46 双波长环形光纤 Raman 激光器

2. 光纤受激 Brillouin 散射激光器

在单模光纤中,Brillouin 增益可提供线宽较窄且与泵浦光信号有准确频移的 Stokes 光(由声子在单模光纤的速率决定),单模光纤中 1551 nm 波段的频移一般为 10 GHz。增益介质 EDF 的作用是补偿振荡器的损耗且放大的 Stokes 信号能量,抽运阈值仅为几十个微瓦。这一系统若进一步级联,则线宽较窄且被放大的 Stokes 信号可成为下一级 Stokes 的泵浦源,进而产生下一级 Stokes 信号,从而产生多波长激光输出。每一级 Stokes 信号由其上一级 Stokes 信号产生,任一波长偏移均引起其他信号变化,因信号所受的波长偏移相等,故该多波长激光光源可避免信道间的串扰。

在光纤 Brillouin 环形激光器中,泵浦光 P 以逆时针方向耦合进单模光纤谐振腔,如图 2-47 所示,由偏振器控制泵浦光偏振方向使之与谐振腔本振偏振态相匹配,泵浦光频被反馈环控制在光纤谐振腔的谐振中心。SBS 激光 B 在谐振腔内沿顺时针方向传输,通过方向耦合器从输出臂中耦合出来。

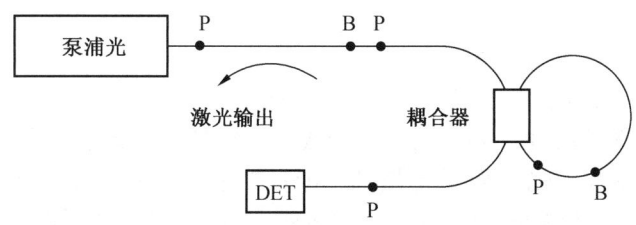

图 2-47 常规光纤 Brillouin 环形激光器

在同腔光纤 Brillouin 环形激光器中,两束独立的泵浦光(P_1,P_2)以相反方向耦合进同一谐振腔,并被锁定在不同的纵模上,如图 2-48 所示。相应的 SBS 激光(B_1,B_2)通过方向耦合器同时输出,其拍频通过光电二极管探测并由频谱仪分析。

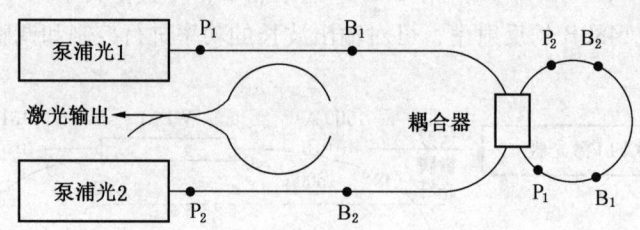

图 2-48 同腔光纤 Brillouin 环形激光器

三、掺稀土光纤放大器

半导体激光泵浦源、低损耗光纤耦合器和高增益掺杂光纤的进一步支撑光纤放大器技术发展,如图 2-49 所示。

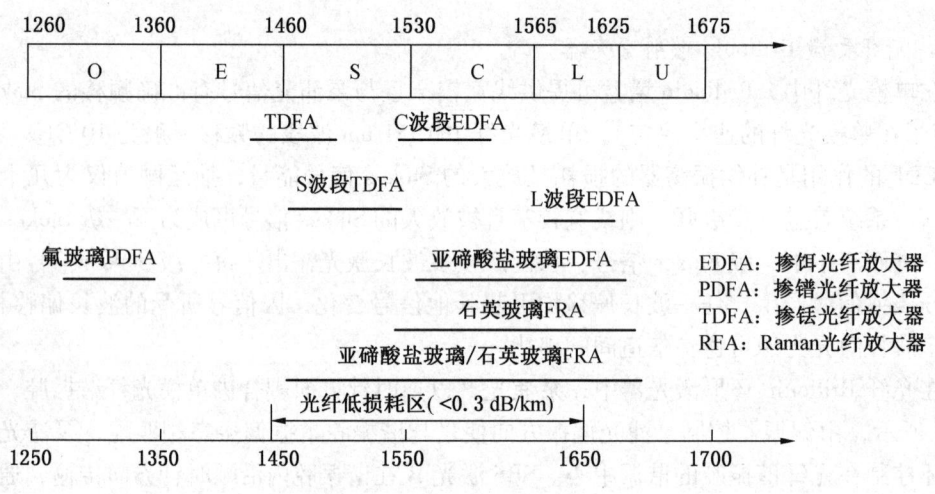

图 2-49 放大器覆盖的增益波长范围

1. 掺杂光纤超荧光光源的基本原理

随着泵浦强度的变化,掺杂光纤处于以下 3 个不同的状态:

(1) 当泵浦功率较低时,$N_2 < N_1$,粒子数正常分布,掺杂光纤只有 ASE 荧光。

(2) 随着泵浦功率加强,N_2 逐渐增加,ASE 粒子数逐渐增加;当 $N_2 > N_1$ 时,粒子数呈反转分布,单粒子独立的 ASE 逐渐变为多粒子协调一致的受激辐射(ASE)。

(3) 当泵浦功率很强时,无谐振腔的掺杂光纤的辐射放大增益抵消系统损耗,形成自激振荡,即超荧光光纤光源(SFS)。ASE 呈雪崩式倍增,但反转粒子数未达到振荡阈值。超荧光的状态分布不均匀，谱线中心的增益系数比其他波长高，输出功率高，温度稳定性好，有一定的相干性和较宽的光谱线宽等。

2. 掺杂光纤超荧光光源的基本结构

如图 2-50 所示，光纤放大器主要有 3 种用途：①功率放大，高饱和输出功率，补偿调度信息功率分配器的插入耗损；②中继放大，补偿光纤的传输耗损，延长再生中继站之间的距离，10^{-9} 的误码率允许的最小信噪比为 21.6 dB；③前置放大，提供信号增益与宽的带宽，提高接收机灵敏度，改善最小可探测功率。

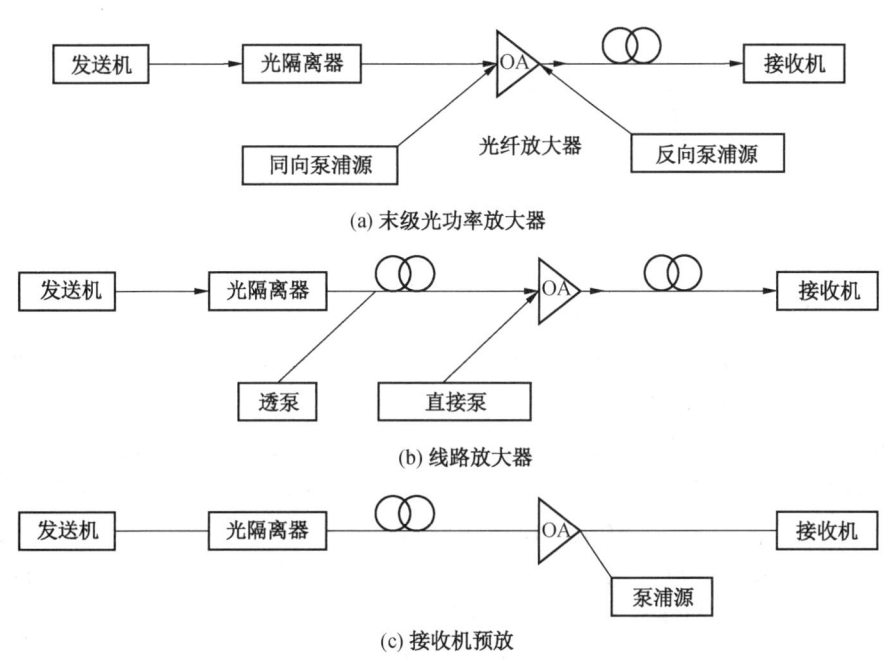

图 2-50 掺铒光纤放大器的系统应用

3. 光纤放大器的性能指标

掺铒光纤放大器的器件特性，如增益光谱、增益与输出饱和功率、功率转换效率和噪声等取决于掺铒玻璃光纤的组成、结构和光谱特性，见表 2-2。

表 2-2 掺铒光纤的主要性能指标

性能	单位	前放掺铒光纤	线放掺铒光纤	功放掺铒光纤
数值孔径	—	0.24 ± 0.02	0.24 ± 0.02	0.24 ± 0.02
截止波长	nm	935 ± 35	935 ± 35	920 ± 40
模场直径	μm	4.8 – 5.9	4.8 – 5.9	5.2 – 6.6
峰值吸收波长	nm	<1529.5	1530.5 ± 5	1531 ± 5
峰值衰减	dB/m	7 ± 2	7 ± 2	5 ± 2.5

表2-2（续）

性能	单位	前放掺铒光纤	线放掺铒光纤	功放掺铒光纤
背景损耗	dB/m	5±1.5	5±1.5	3.5±2
衰减	dB/km	<35	<15	<15
饱和功率	mW	0.17	0.15	0.18
典型应用		线路放大器 前置放大器	线路放大器	功率放大器

光纤放大器在泵浦光作用下实现粒子数反转，通过受激辐射实现对入射光信号的放大作用。增益 G 是光纤放大器的输出光功率 P_{out} 与输入光功率 P_{in} 之比为

$$G = P_{out}/P_{in} = \int_0^L e^{g(\omega,z)z} dz \tag{2-62}$$

式中，$g(\omega,z)$ 是掺杂光纤的增益系数；L 是掺杂光纤的长度。

均匀展宽二能级系统的增益系数 $g(\omega)$ 为

$$g(\omega) = G_0 [1 + (\omega - \omega_0)^2 T_2^2 + P/P_s]^{-1} \tag{2-63}$$

式中，G_0 为放大器泵浦值决定的峰值增益；ω 为入射的角频率；ω_0 为激活介质跃迁中心角频率；P 为信号光功率；P_s 是饱和光功率；$T_2 = 0.1\,\text{ps} \sim 1\,\text{ns}$ 是非辐射弛豫时间（横向弛豫时间）；$T_1 = 100\,\text{ps} \sim 10\,\text{ms}$ 是与介质有关的辐射寿命（纵向弛豫时间）。

（1）带宽和增益。当 $P \ll P_s$ 时，式（2-63）近似表示为 Lorentz 分布函数，即

$$g(\omega) = G_0 [1 + (\omega - \omega_0)^2 T_2^2]^{-1} \tag{2-64}$$

式（2-64）表明，当 $\omega = \omega_0$ 时，增益 $g(\omega_0) = G_0$；当 $\omega \neq \omega_0$ 时，增益按 Lorentz 分布减小。增益带宽定义为增益系数 $g(\omega)$ 的半极大值全宽度（FWHM），即

$$\Delta \omega_g = 2/T_2$$
$$\Delta \nu_g = \Delta \omega_g / \pi = 1/(\pi T_2) \tag{2-65}$$

根据式（2-65），放大器的增益与增益系数的关系为

$$G_A = e^{g(\omega)L} \tag{2-66}$$

放大器的增益与信号频率有关，当 $\omega = \omega_0$ 时，增益取最大值 $G_{A0} = e^{G_0 L}$；当出现失谐，即 $\omega \neq \omega_0$，$G_A(\omega)$ 减小。放大器的带宽 $\Delta \nu_A$ 定义为 $G_A(\omega)$ 的半极大值全宽，即

$$\Delta \nu_A = \ln 2 (G_0 L - \ln 2)^{-1} \tag{2-67}$$

（2）增益饱和是当 P 较大时，$g(\omega)$ 随 P 增大而减小，根据式（2-67），放大器的增益减小。当 $\omega = \omega_0$（共振）时，式（2-63）简化为

$$g(\omega) = G_0 (1 + P/P_s)^{-1} \tag{2-68}$$

在放大器中，z 处的光功率 $P(z)$ 可表示为

$$\frac{dP(z)}{dz} = G(\omega) P(z) = \frac{G_0 P(z)}{1 + P(z)/P_s} \tag{2-69}$$

对式（2-69）在放大器长度内积分，利用 $P(0) = P_{in}$，$P(L) = P_{out} = G_A P_{in}$ 和式（2-67），得

$$G_A = G_{A0} \exp[-(G_A - 1)P(z)(G_A P_s)^{-1}] \tag{2-70}$$

式（2-70）表明，P_{out} 可与 P_s 比较时，放大器增益 G_A 从最大增益 G_{A0} 减小。

放大器饱和输出功率定义为放大器增益 G_A 从 G_{A0} 下降 3 dB 时的输出功率。根据式（2-70），令 $G_A = G_{A0}/2$，则放大器的饱和输出功率为

$$P_{out}^s = P_s G_{A0}(G_{A0} - 2)^{-1} \ln 2 \tag{2-71}$$

一般而言，$G_{A0} \gg 2$，则式（2-71）近似为

$$P_{out}^s = P_s \ln 2 \approx 0.69 P_s \tag{2-72}$$

(3) 放大器的噪声。放大器存在 ASE，当放大器对光信号进行放大时，入射信号的 SNR 会降低。放大器的噪声系数 F 为

$$F = (SNA)_{in}/(SNA)_{out} \tag{2-73}$$

若单位时间入射的光子数为 N，即光功率为 $P = Nh\nu$，h 为 Planck 常数，ν 为入射光频率。若光电探测器的量子效率为 η，则光电探测器输出的平均光电流 I_0 为

$$I_0 = \eta Ne \tag{2-74}$$

式中，e 为电子电荷。

若用 N_q 表示 N 的色散，则单位带宽的功率为

$$P_q = N_q h\nu \tag{2-75}$$

当含有噪声成分的光功率在探测器中转变为光电流（平方检波）时，光功率与量子噪声的失真使散粒噪声（噪声电流）的平方 I_{sp}^2 为

$$I_{sp}^2 = 2eI_0 B \tag{2-76}$$

式中，B 为探测器的带宽。

在光电探测器中，功率信噪比定义为平均电流的平方与噪声电流的平方之比，所以输入光信号转换成电信号的信噪比 $(SNR)_{in}$ 为

$$(SNR)_{in} = I_0(2eB)^{-1} \tag{2-77}$$

光纤放大器存在自发辐射，ASE 光与光信号一起放大。若光放大器的功率增益为 G_A，则输出端每单位频率的自发辐射功率为

$$P_{sp} = n_{sp}(G_A - 1)h\nu \tag{2-78}$$

式中，n_{sp} 是 ASE 因子或反转数因子，对二能级系统定义为

$$n_{sp} = N_2/(N_2 - N_1) \tag{2-79}$$

式中，N_1 和 N_2 分别是基态和激发态的粒子数密度。

当放大器实现粒子数完全反转（$N_2 = N$，$N_1 = 0$）时，$n_{sp} = 1$；当粒子数非完全反转（$N_2 < N$，$N_1 \neq 0$）时，$n_{sp} > 1$。

含 ASE 噪声的光信号经探测器转换为光电流，放大时成为噪声电流 I_{sp}，即

$$I_{sp}^2 = 4G_A N n_{sp}(G_A - 1)eB \tag{2-80}$$

信号光经放大器放大后的噪声电流（散粒噪声）为

$$I_{sh,out}^2 = 2e(G_A Ne)B \tag{2-81}$$

光电探测器输出的平均信号电流的平方值为

$$I_{0,out}^2 = (G_A Ne)^2 \tag{2-82}$$

输出光电流的信噪比（SNR）$_{\text{out}}$为

$$(\text{SNR})_{\text{out}} = I_{0,\text{out}}^2/(I_{\text{sp}}^2 + I_{\text{sh,out}}^2) = Ne(2eB)^{-1}[1/G_{\text{A}} + 2n_{\text{sp}}(G_{\text{A}}-1)/G_{\text{A}}]^{-1} \quad (2-83)$$

若 $G_{\text{A}} \gg 1$，则式（2-83）近似为

$$(\text{SNR})_{\text{out}} = Ne(4eBn_{\text{sp}})^{-1} \quad (2-84)$$

放大器的噪声系数 F 为

$$F = 2n_{\text{sp}} \quad (2-85)$$

理想放大器（$n_{\text{sp}} = 1$）输入信号的 SNR 降低 1 倍（3 dB）。实际上，放大器的 F 都超过 3 dB，有些放大器 $F = 6 \sim 8$ dB。

（4）EDFA 的放大有一定光频范围（光频响应），如图 2-51 所示，1532 nm 处有峰值，1540 nm 后是一个平台，峰值与平台之间的增益差大于 8 dB。EDFA 的增益带宽达 40 nm，但平台部分的带宽只有 ~22 nm；当要求增益起伏不超过 ±0.5 dB 时，带宽只有 ~15 nm。通过消除增益谱线尖峰，可使 EDFA 整个增益谱平坦：

① 掺铝可使 EDFA 的增益谱有明显的平坦效果。

② 利用闪耀光栅，把光纤纤芯中传播 1532 nm 处的部分能量耦合到背向传播的包层模中辐射逸出光纤，在 1550 nm 的窗口处获得 35 nm 的带宽范围。

③ 利用一段吸收谱与 EDFA 在 1532 nm 附近反转的增益谱形状相似的掺钐光纤吸收 1532 nm 处的部分能量，获得 1529 ~ 1559 nm 的增益范围。

④ 利用长周期级联光栅在 1532 nm 处的吸收峰几乎接近光纤放大器 1532 nm 处反转的增益峰值，可使 40 nm 带宽范围内增益变化小于 1 dB。

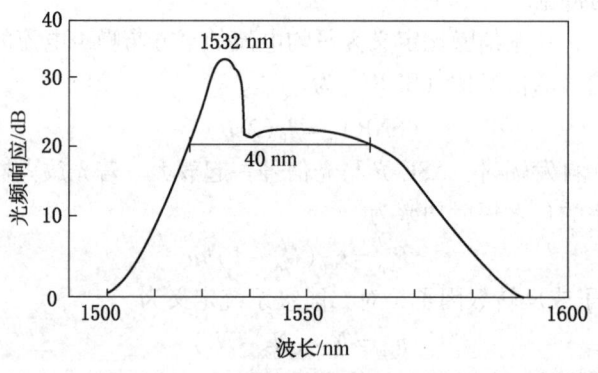

图 2-51 掺铒光纤放大器的光频响应

⑤ C 波段与 L 波段的超荧光光源。在掺铒光纤中，能级 $^4I_{13/2} \to {}^4I_{15/2}$ 跃迁产生的 ASE 中，C 波段由 $^4I_{13/2} \to {}^4I_{15/2}$ 主能级的 Stark 分裂能级的高能级之间跃迁产生；L 波段由 $^4I_{13/2} \to {}^4I_{15/2}$ 主能级的 Stark 分裂能级的低能级之间跃迁产生。在抽运光的作用下，掺铒光纤前段产生 C 波段的 ASE 光；作为二次抽运源被后端掺铒光纤再次吸收，从而形成 L 波段的 ASE 谱。L 波段放大 ASE 用的是 Er$^+$ 增益带的尾部，其发射和吸收系数是 C 波段的 1/4 ~ 1/3。在采用两段光纤长度和浓度不同的双极双程结构中，低浓度的 EDF 用在 1 级，

高浓度 EDF 在第 2 级并作为最终输出端口，如图 2-52 所示。第 1 级 LD1 采用虚线部分为双程前向；第 1 级 LD1 采用实线部分为双程背向。仅使用第 2 级光纤时，在一根长的高浓度光纤中，A 点为高功率 C 波段光谱；B 点为 L 波段光谱；单独第 1 级在 A 点得到的为 C 波段的光谱。将两级合并使用可调节并改善整个光谱的谱形，使得相对单独第 2 级采用双程前向时，L 波段输出功率下降，这主要是第 1 级输出的 C 波段光进入到第 2 级光纤中，消耗部分 Er^{3+}，发出 C 波段光，调节两极抽运光的配合变化使输出的 C 波段和 L 波段得以较好匹配，从而实现 C + L 波段的 ASE 以较高功率输出。

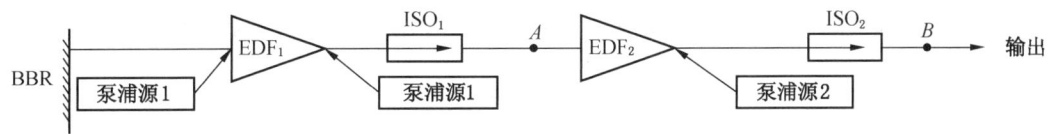

图 2-52　双极双程输出 C + L 波段的光源结构

四、光纤非线性效应放大器

1. 光纤 Raman 放大器

光纤 Raman 放大器（简称 RFA）利用受激 Raman 散射（简称 SRS）产生增益。SRS 是非弹性过程，泵浦光子被光振荡模（光声子）散射，能量从泵浦光子 v_p 传递到光声子，在较低频率 v_s（Stokes 下移）产生能量减少的光子。当泵浦频率 v_p = 1450 nm 与信号频率 v_s = 1550 nm 同向或反向传播到光纤时，能量通过 SRS 相互作用从泵浦传递给信号。

石英分子的光学声子能级被合并形成连续带，产生一个很宽的放大频带，在石英光纤中，Stokes 偏移为 ~13.2 THz，主要放大带宽为 ~6THz。平均 Stokes 下移和放大带宽均随基质成分的变化而变化。由于能量传递（放大）过程的非谐振特性，FRA 原则上可在整个低损耗通信窗口（1300~1600 nm）的任意波长上运行。Raman 散射效应存在于所有类型的光纤，与各类光纤系统有良好的兼容性。FRA 有两种配置：

(1) 分立式 Raman 放大器利用高增益光纤，光纤增益媒质一般小于等于 10km，泵浦功率达几瓦至十几瓦，可产生大于 40 dB 的高增益，对信号光进行集中放大。

(2) 分布式 Raman 放大器利用系统传输光纤作为增益媒质，光纤增益媒质长达几十千米，主要辅助 EDFA 改进 WDM 系统的性能，降低入射功率，避免非线性限制，提高光信噪比，光传输距离可大于 2000 km。

2. 光纤 Brillouin 放大器

当输入光功率达到 Brillouin 散射的阈值时，Brillouin 散射由携带绝大部分输入光功率反向传输的 Stokes 波产生。两只激光器以连续方式工作，为使 Brillouin 增益达到最大，其波长在 Brillouin 频移附近可连续调谐，泵浦光经 3 dB 耦合器注入长度为 37.5 km 的光纤；在光纤的另一端，注入弱信号检测光。当泵浦光和光信号在光纤反向传输，光波频率差为 Brillouin 频移时，大部分泵浦光功率被转换为 Stokes 波。最初，信号光功率按指数规律增长，当 Brillouin 增益开始饱和时，这种增益呈现出下降趋势。

3. 光纤非线性环形波长变换器

光纤非线性环形波长变换器利用光纤的 Sagnac 干涉原理和由光纤中的交叉相位调制产生的非线性相移实现波长变换，如图 2-53 所示。探测光信号从耦合器 2 输入，在端口 3、4 分成功率相等但传输方向相反的两束光。无光脉冲注入时，光纤非线性环形波长变换器对 λ_c 信号起全反射作用，3 dB 耦合器的端口 2 没有信号输出，当波长为 λ_s 的光脉冲从耦合器 1 注入时，相向传输的探测光 λ_c 受光信号 λ_s 脉冲的交叉相位调制，相位差不再相同，3 dB 耦合器的端口 2 有信号输出。选取适当的 DSF 长度，控制探测光 λ_c 和光信号 λ_s 的强度，调节偏振控制器，使光纤非线性环形波长变换器透射，输出光信号完全受光信号 λ_s 强度的控制。端口 2 输出受波长为 λ_c 的信号调制，从而实现波长变换。

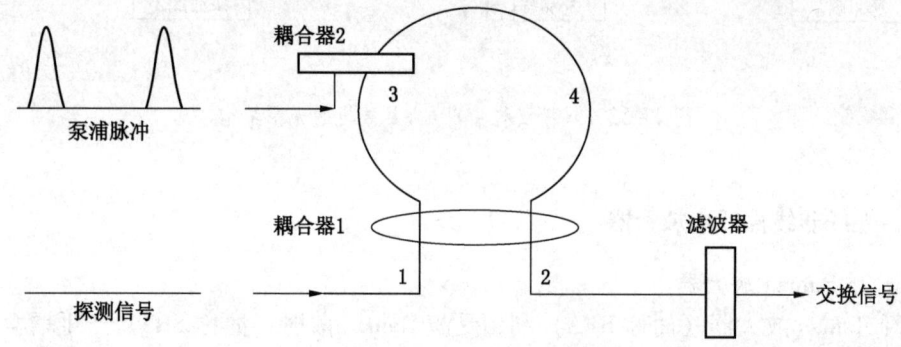

图 2-53 光纤非线性环形波长变换器

五、宽带光纤放大器

低水峰光纤的工作波长为 1280~1625 nm，宽带或混合放大器将多个光纤放大器组合起来获得更宽的波长范围，如图 2-54 所示。

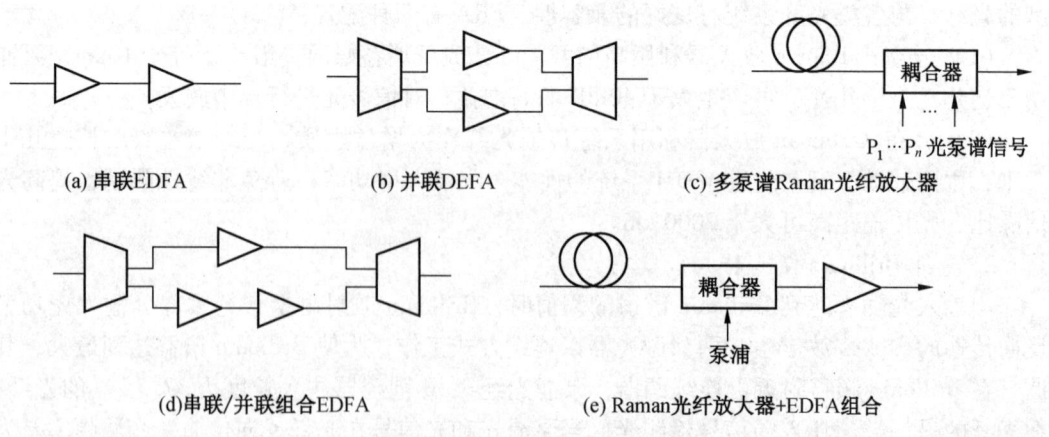

图 2-54 光纤放大器的不同组合方式

第三章　光纤传感技术

光纤传感器一般由光源、传输光纤、传感探头（检波器）、光电转换及信号处理组成。光源发出的光波通过入射光纤传输到传感探头，受到被测物理量的调制，携带调制信息的光波经光电转换后变为电信号，通过解调得到被测物理量的状态。

在光纤中传输的理想平面波光强可用式（3-1）描述：

$$\vec{E} = \vec{E}_0 \cos(kz - \omega t) \tag{3-1}$$

式中，$\vec{E}_0$ 为光波的常矢量振幅；k 为光波数，$k = 2\pi/\lambda$，λ 为波长；ω 为频率；$(kz - \omega t)$ 为初始相位。

当外界的温度、压力、电磁场、位移等因素发生变化时，导致光纤中传输的光波强度发生变化。按照光纤中的光波被调制的特征参量来分，可将光纤传感器分成强度调制型（$\vec{E}_0$）、相位调制型（$kz - \omega t$）、波长调制型（λ）、偏振态调制型（$\vec{E}_0$ 的振动方向）和频率调制型（ω）。

第一节　强度调制型光纤传感器

强度调制型光纤传感器是利用外界因素引起光纤中光强的变化来探测外界物理量及其变化量的光纤传感器，其工作机理是被测物理量作用于光纤（接触或非接触），使光纤中传输的光信号的强度发生变化，检测光信号强度的变化量，可实现对被测物理量的测量。强度调制型光纤传感的基本原理如图3-1所示。

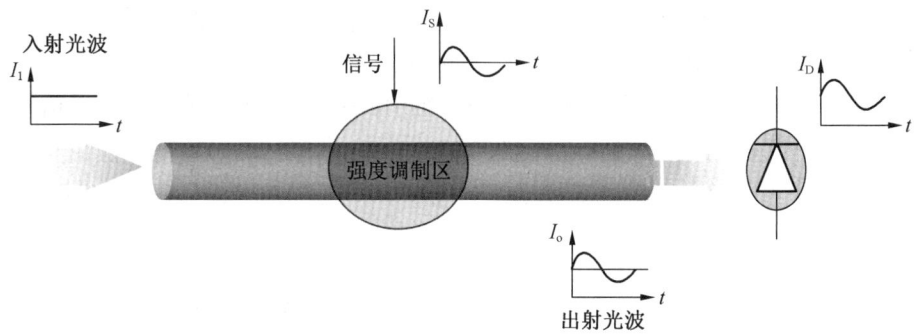

图3-1　强度调制型光纤传感的基本原理

根据对信号光调制方式的不同，强度调制型光纤传感器分为外调制和内调制两类。外调制型的调制区域在光纤外部，又分为反射式和透射式，它利用光纤与光纤之间相对位置或面积的变化进行调制,通过光纤错位、光纤间的横向位移、光纤间的角度或在光纤间插入光闸实现接收光纤中光强的调制;也有利用光在空气或其他介质中的传播损耗进行调制,通过镜面反射实现强度调制。内调制型的调制区域为光纤本身,分为光模式功率分布型、折射率强度调制型和光吸收系数调制型等。它通过改变光纤几何形状增加损耗引起光强改变,如利用微弯调制器进行强度调制,以及利用其他特殊光纤进行的射线吸收。

一、反射式强度调制型

反射式强度调制型光纤传感器原理简单、设计灵活、价格低廉,已经在位移、压力、振动、表面粗糙度等物理量的测量中获得成功应用。比如美国的 W. E. Frank 和 C. D. Kissinger 等人在 20 世纪六七十年代申请了专利,并成功地将发射式强度调制型光纤传感器应用于位移的测量。反射式强度调制型光纤传感器有很多结构形式,比如传光束型、双光纤型、单光纤型等,如图 3-2 所示。

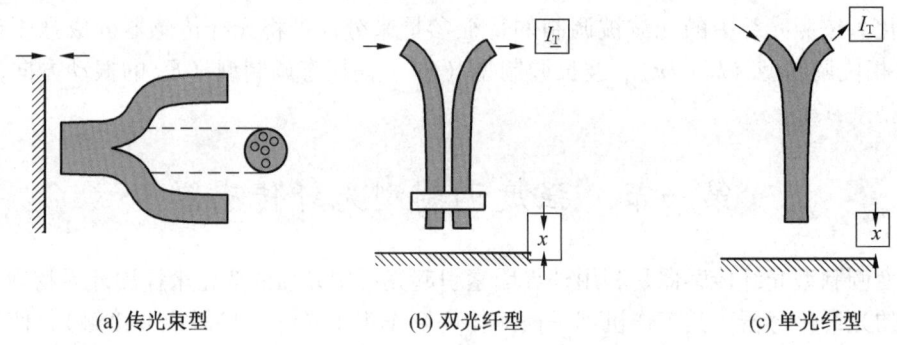

(a) 传光束型　　　　　(b) 双光纤型　　　　　(c) 单光纤型

图 3-2　反射式强度调制型光纤传感器的结构形式

反射式强度调制原理如图 3-3 所示,光源发出光信号由输入光纤射向可移动反射镜面(被测物体表面),输出光纤接收经镜面反射回来的光信号并传输至光电接收器,光电接收器所接收到的光强的大小随光纤端面与被测物体表面距离而变化。由于光信号在空气

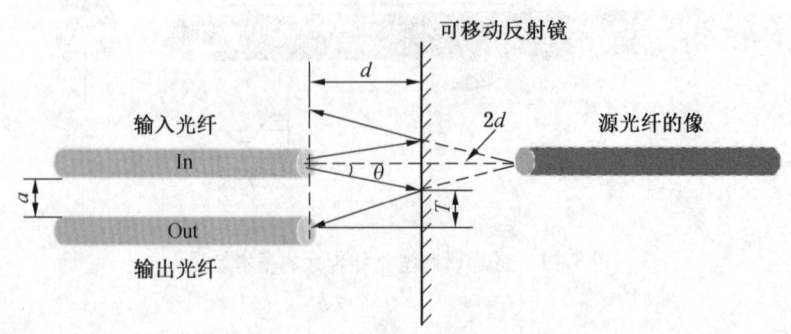

图 3-3　反射式强度调制型光纤传感器原理

中传播损耗的大小与传播距离之间有非常敏感的关系,反射镜面的微小移动都可由光强变化检测出来,因此这类传感器具有高灵敏度。

从几何光学的角度对发射式强度调制型光纤传感器的入射光、反射光之间的关系进行分析。设输入光纤、输出光纤为同型号的阶跃折射率光纤,其间距为 a,芯径为 $2r$,光纤数值孔径为 NA(numerical aperature)。对于光锥角有:

$$\theta = \arcsin NA \quad (3-2)$$

$$T = \tan[\arcsin(NA)] \quad (3-3)$$

输出光纤与输入光纤的光耦合系数有以下 3 种情况。

1. 当 $d < \dfrac{a}{2T}$ 时

即 $a > 2dT$(dT 为输入光纤光锥的底面半径),此时输出光纤与输入光纤的耦合光功率为零。

2. 当 $d > \dfrac{a+2r}{2T}$ 时

即 $a < 2dT - 2r$,此时输出光纤已完全覆盖输入光纤光锥的传播范围,耦合光功率达到最大,光耦合系数为 $\left(\dfrac{r}{2dT}\right)^2$。但输出光强不再发生变化。

3. 当 $\dfrac{a}{2T} < d < \dfrac{a+2r}{2T}$ 时

耦合到输出光纤的光功率由输入光纤的像发出的光锥底面与输出光纤重叠的面积确定,如图 3-4 所示。利用伽马函数精确地计算重叠面积,或利用线性近似法和几何分析推导,得到输出光纤端面中光锥照射部分的面积为

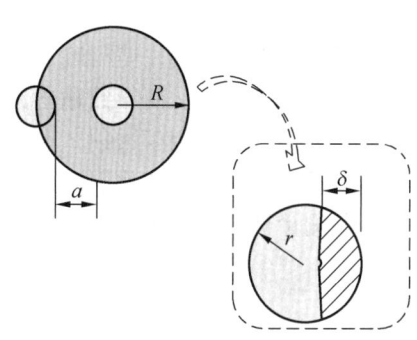

图 3-4 输入输出光纤芯重叠部分耦合光功率

$$\alpha = \dfrac{1}{\pi}\left\{\arccos\left(1 - \dfrac{\delta}{r}\right) - \left(1 - \dfrac{\delta}{r}\right)\sin\left[\arccos\left(1 - \dfrac{\delta}{r}\right)\right]\right\} \quad (3-4)$$

$$\dfrac{\delta}{r} = \dfrac{2dT - a}{r} \quad (3-5)$$

传感器的耦合效率 F,即输出光纤所接收到的光功率与输入光纤的光功率比值为

$$F = \dfrac{P_0}{P_1} = \alpha\left(\dfrac{\delta}{r}\right)\left(\dfrac{r}{2dT}\right)^2 \quad (3-6)$$

此时,光信号强度可以被输出光纤有效采集,处于传感器的工作区间,但工作范围有限且大小恒定。

二、透射式强度调制型

透射式强度调制是通过在输入光纤与输出光纤的耦合端面之间插入遮光板,或者改变输入光纤与输出光纤的相对间距、位置,实现对输出光功率的调制,从而改变光电探测器所接收到的光信号强度。透射式强度调制型传感器的基本原理如图 3-5 所示。

透射式强度调制型光纤传感器常用于测量位移、压力、温度和振动等物理量,这些物

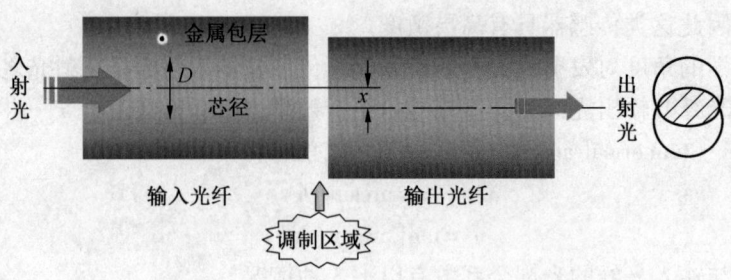

图3-5 透射式强度调制型光纤传感器原理

理量作用于该类传感器,使得输入光纤与输出光纤的相对位置发生相对移动,改变输出光纤对光功率的接收,从而导致输出光纤的光强度发生变化。

遮光屏法广泛应用于透射式强度调制型光纤传感器中,其工作原理如图3-6所示。它是通过被测物理量的变化引起遮光屏的位置发生改变以调制输出光强,从而根据输出光强的变化测量被测物理量,如位移。

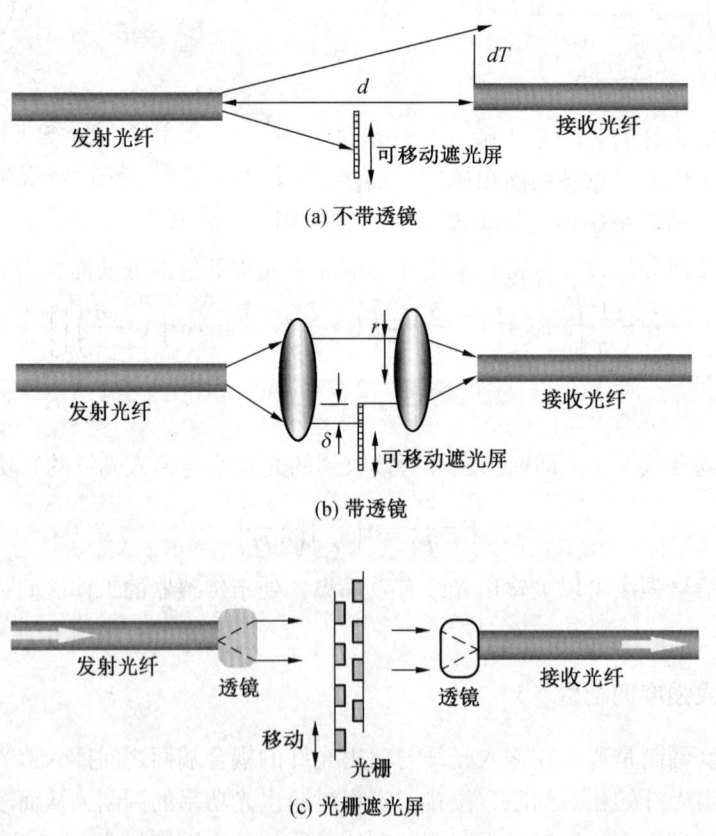

图3-6 遮光屏法光强调制原理

不带透镜的遮光屏式光强调制型传感器的结构简单,工作性能良好,但由于接收光纤端面只占发射光纤发出的光锥底面的一部分,因此灵敏度降低。带透镜的遮光屏式光强调制使入射光纤在出射光纤上成像,遮光屏在垂直于两透镜间的光传播方向上上下移动。这种结构制作的传感器灵敏度可以达到变化范围的1%。光栅遮光屏由等宽度、透明与不透明区交替地排列的光栅组成,其中一支为固定光栅,另一支为可移动光栅。在遮光屏的空间周期内,通过这对光栅遮光屏的投射率从两个屏完全重叠的50%到一个屏的不透明区和另一个屏的透明区完全重叠的0。在此周期性结构范围内,光的输出强度为周期性的,且分辨率为光栅条纹间距数量级,此类传感器具有高灵敏度的特点。

三、光纤模式功率分布强度调制型

1. 微弯调制型

当光纤在外力作用下发生微弯时,会引起光纤中不同模式的转化,即某些传导模变为辐射模或泄漏模,从而引起损耗,这就是微弯损耗。如果将微弯损耗与特制的微弯变形器及其位置、引起微弯的压力等物理量通过特定的关系式联系起来,就可以构成各种不同功能的传感器。

光纤微弯强度调制型传感器的工作原理如图3-7所示。微弯变形器由两块具有特定周期的波纹板和夹在其中的多模光纤构成。光纤被夹在一对波纹板中间,初始状态下光纤不受上下波纹板的作用,光沿着光纤纤芯内部传播。当波纹板受外力作用而产生相对位移时,使光纤发生许多微弯,这时在纤芯中传输的光在微弯处有部分散射到包层中,导致传输的光能量损耗,输出光强度发生改变。

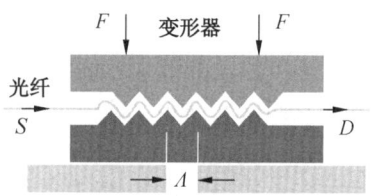

图3-7 光纤微弯强度调制型传感器示意图

波纹板的周期Λ根据满足两个光纤模式之间的传播常数匹配原则来确定。设两个相互耦合的模式的传播常数分别为β和β',则周期Λ必须满足:

$$\Delta\beta = |\beta - \beta'| = \frac{2\pi}{\Lambda} \tag{3-7}$$

此时相位失配为零,模间耦合达到最强。因此,波纹板有一个最佳周期Λ,该周期由光纤本身的模式特性决定。当变形器发生垂直于波纹板周期方向的位移时,将改变弯曲处的模振幅,从而产生对光纤中传输光强的调制。调制系数记作:

$$Q = \frac{\mathrm{d}T}{\mathrm{d}x}g\frac{\mathrm{d}x}{\mathrm{d}p} \tag{3-8}$$

式中,T为光纤的传输系数;x为波纹板的位移;p为外压力。

调制系数由两个参数决定:一是光纤本身性能确定的光学参数;二是由微弯传感器的机械设计确定。为了优化传感器性能,必须使光学、机械设计都满足最优化条件,二者相统一。传感器的最佳机械设计周期可通过理论推导得出。光学参数由光纤的性能决定,因而主要决定于光纤的折射率分布。光纤的折射率分布形式为

$$n^2(r) = n^2(0)\left[1 - 2\Delta\left(\frac{r}{a}\right)^g\right] \tag{3-9}$$

这种结构的传感器结构简单，质量轻，尺寸小，常用于测量压力、水声等物理量。

2. 模式功率分布型

模式功率分布型光纤传感器是目前强度调制型光纤传感器中，理论和研究结果最少、可借鉴资料最少的一种，尚存在很多亟待解决的问题和研究的空间。

模式功率分布型传感器是利用大芯径多模光纤中特殊激励的高阶模对作用于光纤上的外界物理量非常敏感的特性，通过测量被测物理量（变化）与光纤输出光强衰减的关系实现对被测物理量的检测。特定角度（8°~11°）的离轴激励将在光纤端面远场产生环形模斑，此时外界物理量的作用将会造成光纤内传输功率的极大损耗，即此时光纤对作用于其上的外界物理量最为敏感。如果在光纤的输出端适当的位置（模斑光强极大处）布设光电探测器，就可获得对作用于光纤上的被测物理量的检测。

四、折射率强度调制型

利用光波在高折射率介质内的受抑全反射现象也可制成光纤传感器。受抑全内反射光纤传感器通常分为透射式和反射式两类。透射式受抑全内反射强度调制型传感器的结构原理如图3-8所示，当两根光纤的端面无限靠近时，输入光纤能够传递较多的光能到输出光纤。而当输入光纤保持固定，输出光纤随外界物理量的变化而位置发生改变时，由于两根光纤端面之间间距的改变，其耦合效率会随之发生变化，输出光强度也随之变化。测出光强的这一变化就可求出光纤端面位移量的大小。这类传感器需要精密机械调整和固定装置，不适合测量现场的使用。

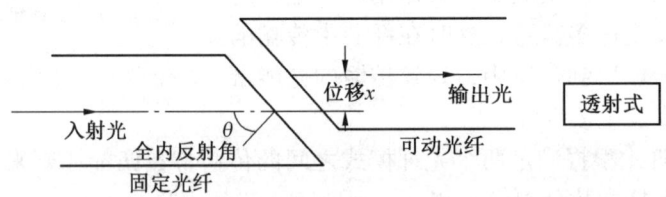

图3-8 透射式光受抑全内反射强度调制型原理

反射式受抑全内反射强度调制型传感器的结构原理如图3-9所示。相比于透射式传感器，反射式传感器不需要机械调整，适合测量现场的使用，同时也增加了传感器的稳定性，现已在温度、气体浓度等物理量的测量中广泛应用。

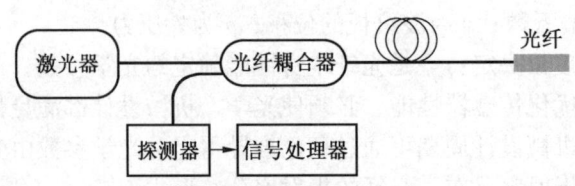

图3-9 反射式光受抑全内反射强度调制型原理

五、光吸收系数强度调制型

1. 利用光纤的吸收特性

辐射线会使光纤材料染色相应地吸收损耗增加，光纤的输出光强则降低，因此可利用来构成强度调制型辐射剂量传感器。改变光纤材料的成分可以对不同的射线进行测量。例如，铅玻璃光纤对 X、γ 射线和中子射线特别灵敏，并且这种材料的光纤在小剂量射线照射时，具有较好的线性，可以测量射线的辐射剂量。光吸收系数强度调制型光纤传感器既可用于卫星外层空间剂量的监测，也可用于核电站、放射性物质堆放处辐射量的大面积监测。

2. 利用半导体材料的吸收特性

半导体的本征吸收即当一束光经过半导体时，低于某波长 λ_B 的光被半导体吸收而高于该波长将透过半导体，其中 λ_B 称为半导体的本征吸收波长。半导体吸收的条件是光子的能量必须大于半导体的禁带宽度 E_g。半导体材料的 E_g 随温度的上升而减小，亦即其本征吸收波长 λ_g 随温度的上升而增大。当温度升高时，其透射率曲线将向长波方向移动。若采用发射光谱与半导体的相匹配的发光二极管作为光源，则透射光强度将随着温度的升高而减小，通过检测透射光的强度或透射率，即可检测温度变化。

第二节 相位调制型光纤传感器

载波的相位对其参考相位的偏离值随调制信号的瞬时值成比例变化的调制方式，称为相位调制，或称调相。相位调制型光纤传感器是利用外界因素引起的光纤中光波相位变化来探测各种物理量的传感器。这类光纤传感器的主要特点如下。

1. 灵敏度高

光学干涉法是已知最灵敏的探测技术之一。在光纤干涉仪中，由于使用了数米甚至数百米以上的光纤，使它比普通的光学干涉仪更加灵敏。

2. 灵活多样

由于这种传感器的灵敏部分由光纤本身构成，因此其探头的几何形状可按使用要求而设计成不同形式。

3. 对象广泛

目前利用各种类型的光纤干涉仪已研究成测量压力、温度、加速度、电流、磁场、液体成分等多种物理量的光纤传感器。

4. 特种光纤

在光纤干涉仪中，为获得干涉效应，应满足两个条件：一是保证同一模式的光叠加；二是为获得最佳干涉效应，两相干光的振动方向必须一致。为了使光纤干涉仪对被测物理量进行增敏，对非被测物理量进行去敏，需对单模光纤进行特殊处理，以满足测量不同物理量的要求。

目前的技术手段难以实现对光波相位的直接检测，所以相位调制型光纤传感器需要通过干涉仪完成相位检测。干涉型光纤传感器利用光纤作为相位调制元件，构成干涉仪。主要通过被测场与光纤的相互作用，引起光纤中传输光的相位变化（主要是光纤的应变所引起的光程变化）。敏感光纤和干涉仪是相位调制干涉型光纤传感器不可或缺的两部分，相位调制通过敏感光纤实现，而干涉仪则用于实现相位-光强的转换。产生干涉的三个必要条件是：①两叠加光波的相位差固定不变；②两叠加光波的振动方向相同；③两叠加光波的频率相同。其传感原理如图3-10所示。

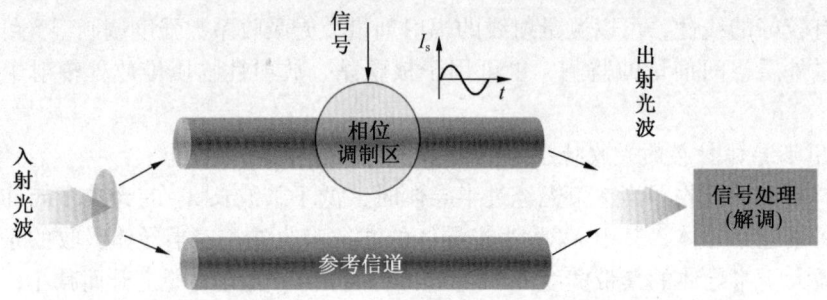

图3-10 相位调制型光纤传感器原理

下面重点讨论引起敏感光纤中光相位调制的两种基础物理效应——应变和温度，而很多其他物理参量通常可以通过转换为应变或者温度而进行间接测量。

一、应变效应

1. 应力应变效应

外界因素（温度、压力等）可直接引起干涉仪中的传感臂光纤的长度、芯径和纤芯折射率发生变化，从而造成在光纤中所传输光的相位发生变化。通常，在通过长度为 L 的光纤后，出射光相位的延迟为

$$\varphi = \frac{2\pi}{\lambda}L = \beta L \tag{3-10}$$

式中，β 是光纤中光波的传播常数，$\beta = 2\pi/\lambda$。

在外界因素的作用下，光波相位的变化为

$$\Delta\varphi = \beta\Delta L + L\Delta\beta = \beta L \frac{\Delta L}{L} + L \frac{\partial \beta}{\partial n}\Delta n_f + L \frac{\partial \beta}{\partial a}\Delta a \tag{3-11}$$

式中，第一项表示的相位延迟是光纤长度变化所产生的应变效应；第二项表示的相位延迟是光纤感应折射率变化所导致的光弹效应；第三项表示的相位延迟是光纤的半径变化引起的泊松效应。

$\lambda = \lambda_0/n_f$ 是光纤中的光波长，而 λ_0 为真空中的光波长，n_f 是光纤材料的折射率，a 表示光纤纤芯半径。

2. 温度应变效应

温度应变效应与应力应变效应相似，但此时外界因素的改变影响光纤内光相位变化的主要原因是温度。通常，对于一根长度为 L、折射率为 n 的裸光纤，其相位随温度的变化

关系为

$$\frac{\Delta\varphi}{\varphi\Delta T}=\frac{1}{n}\left(\frac{\delta n}{\delta T}\right)+\frac{1}{T}\left\{\varepsilon_z-\frac{n^2}{2}\left[(P_{11}+P_{12})\varepsilon_r+P_{11}\varepsilon_z\right]\right\} \qquad (3-12)$$

式中，P_{11} 为纤芯的弹光系数；ε_z 为轴向应变；ε_r 为径向应变。

二、光纤干涉仪的类型

干涉型光纤传感器利用光纤作为相位调制原件构成干涉仪。常用的光纤干涉仪结构有迈克尔逊光纤干涉仪（Michelson）、马赫－曾德尔光纤干涉仪（Mach－Zehnder）、塞格纳克光纤干涉仪（Sagnac）、法布里珀罗光纤干涉仪（Fabry－Perot）等。

1. Michelson 光纤干涉仪

Michelson 光纤干涉仪是光学干涉仪中最常见的一种，它是利用分振振幅法产生双光束以实现干涉，其原理如图 3－11 所示。实际上，用一个单模光纤定向耦合器，把其中两根光纤相应的端面镀以高反射率膜，就可以构成一个 Michelson 光纤干涉仪，其中一根光纤作为参考臂，另一根光纤作为传感臂。外界因素的变化可直接引起传感臂的光纤长度和折射率发生变化，光波经端面反射被探测器接收，进行相位－光强的转换。

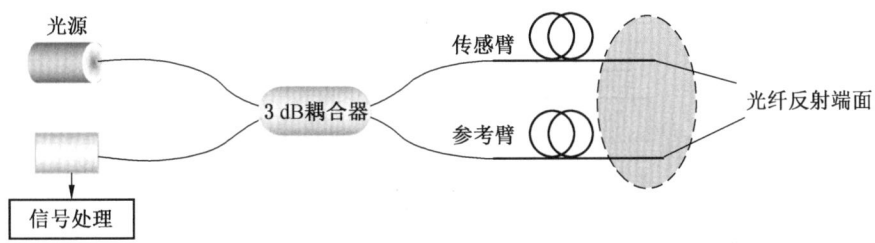

图 3－11 Michelson 光纤干涉仪原理

2. Mach－Zehnder 光纤干涉仪

Michelson 光纤干涉仪和 Mach－Zehnder 光纤干涉仪都是双光束干涉仪。Mach－Zehnder 光纤干涉仪是由激光器发出相干光，分别送入两根长度相等的单模光纤，其中一根光纤作为参考臂，另一根光纤作为传感臂，两根光纤的输出光叠加后产生干涉效应，其原理如图 3－12 所示。

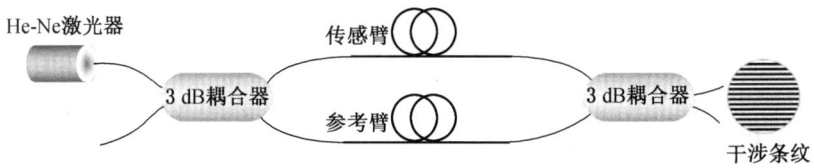

图 3－12 Mach－Zehnder 光纤干涉仪原理

但相较于 Michelson 光纤干涉仪，Mach-Zehnder 光纤干涉仪的分光和合光是由两个光纤动向耦合器实现的，是全光纤化的干涉仪，提高了光路的稳定性和抗干扰能力。

3. Sagnac 光纤干涉仪

在由同一光纤构成的光纤圈中沿相反方向前进的两光波，在外界因素作用下产生不同的相移。通过干涉效应进行检测，就是 Sagnac 光纤干涉仪的基本原理。将同一光源发出的一束光分解为两束，让它们在同一个环路内沿相反方向循行一周后会合，然后在屏幕上产生干涉，当在环路平面内有旋转角速度时，屏幕上的干涉条纹将发生移动。在 Sagnac 光纤干涉仪中，激光经耦合器分为反射和透射两部分。这两束光均由反射镜反射形成传播方向相反的闭合光路，并在耦合器上汇合，送入光探测器，同时也有一部分返回到激光器，其原理如图 3-13 所示。

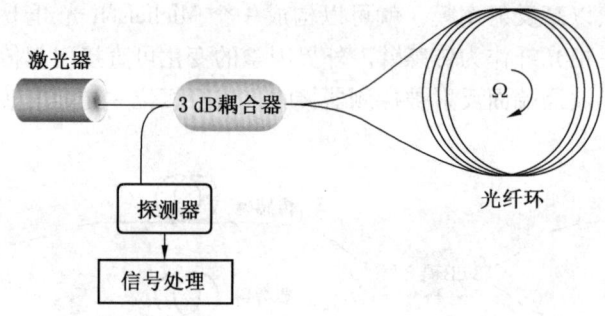

图 3-13 Sagnac 光纤干涉仪原理

Sagnac 光纤干涉仪在光纤陀螺仪中应用广泛。光纤陀螺仪和一般的陀螺仪相比较，光纤的陀螺仪体积小、质量轻、灵敏度高，采用多圈的方法可以增加灵敏度，但不会对仪器的结构、尺寸有影响，且光纤陀螺仪使用便捷，使用时只需固定在被测仪器上。

当环形光路相对于惯性空间有一转动 Ω 时（设 Ω 垂直于环路平面），对于顺、逆时针传播的光，将产生一非互易的光程差，即

$$\Delta L = \frac{4A}{c}\Omega \tag{3-13}$$

式中，A 为环形光路的面积；c 为真空中的光速。

当环形光路由 N 圈单模光纤组成时，对应顺、逆时针光速之间的相位差为

$$\Delta\varphi = \frac{8\pi nA}{\lambda c}\Omega \tag{3-14}$$

式中，λ 为真空中的波长。

4. Fabry-Perot 光纤干涉仪

Fabry-Perot 光纤干涉仪由两片具有高反射率的反射镜构成，光束在腔内多次反射构成多光束干涉。由于镜面的衍射损耗等因素，Fabry-Perot 光纤干涉仪的腔长一般为厘米量级，其应用范围受到一定的限制。Fabry-Perot 光纤干涉仪是由两端面具有高反射膜的

一段光纤构成,结构如图3-14所示。并且由于光纤的波导作用,Fabry-Perot光纤干涉仪(FFPI)的腔长可以是几厘米、几米甚至几十米,且精细度不低。因此FFPI在光纤传感和光纤通信领域越来越受到人们的重视。

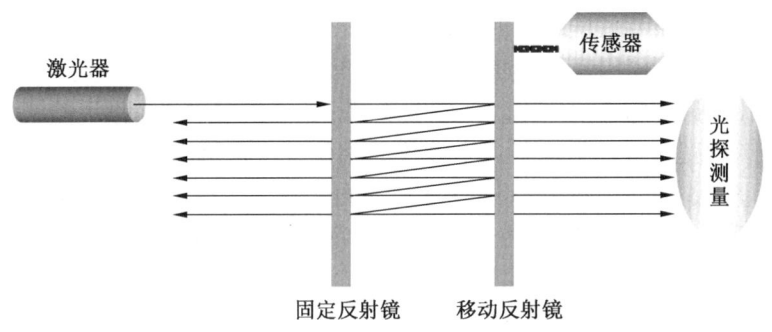

图3-14 Fabry-Perot光纤干涉仪的结构

5. 光纤环形腔干涉仪

利用光纤定向耦合器将单模光纤连接成闭合回路,激光束从环形腔1端输入时,部分光直通入4端口,部分光能耦合到3端进入光环内。当光纤环不满足谐振条件时,由于定向耦合器的耦合率近于1,大部分光从3端输出,环形腔的传输光强接近输入光强。当光纤环满足谐振条件时,腔内光场因谐振而加强,并经由2端直通到3端,该光场与由1端耦合到3端的光场叠加,形成相消干涉,使光纤环形腔的输出光强减小,如此多次循环,使光纤环内的光场形成多光束干涉,3端的输出光强在谐振条件附近为一细锐的谐振负峰,与F-P干涉仪类似,其原理如图3-15所示。

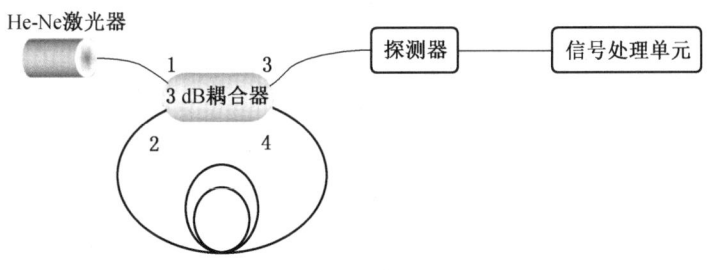

图3-15 光纤环形腔干涉仪原理

6. 微分干涉仪

上面提到的5种光纤干涉仪是普通的干涉仪,它们都有着共同的缺点:温度敏感,需要长相干长度的光源,信号处理电路复杂。另外,由于它们的干涉项是两束或多束干涉光相位差的余弦函数,这就限制了它们的线性输出范围。一般的双光束干涉仪为了得到最大的灵敏度,常工作在正交状态。这就意味着把干涉项的余弦函数转变成了正弦函数。如果在干涉仪的输出端用线性函数近似地替代正弦函数，且在正交工作状态下输入的相位差约为 0.25 rad，则会产生 1% 的线性度误差。

如果把输出相位信号限定在干涉仪的线性范围内，那么传感器的系统将大大地简化，它可以不采用复杂的电路进行信号处理及相位补偿技术。下面要提到的相位压缩原理恰好能实现这种功能。基于相位压缩原理建立的微分干涉仪具有线性范围广，信号处理电路简单，对缓变的温度等环境因素不敏感，并能使用短相干长度的光源等优点。

基于相位压缩原理的干涉仪称为微分干涉仪。相位压缩原理是指干涉仪测量的相位为干涉光束相位差的变化量，不是普通干涉仪的相位差。这可以通过在固定的时间间隔 T 内测量相位差获得，而时间间隔 t 可以从延时光纤得到。所以，尽管输入调制信号超出了几个到几百个干涉条纹，但它的相位差变化量都很小，仍能保证干涉仪工作在线性范围内。

基于相位压缩原理的光纤干涉仪称为微分干涉仪。实践中，人们设计了一种仅用一个延迟线圈和调制器就能达到相位压缩的目的，如图 3-16 所示。光路系统由平衡 Mach-Zehnder 干涉仪组成。激光二极管 s 作为光源，为防止光的反射，光隔离器 ISO 被放在光源与光纤之间。光纤耦合器 C_1 和 C_2 之间为非平衡 Mach-Zehnder 干涉仪，两臂不平衡光路长约为 16 cm，远大于光源的相干长度，故在耦合器 C_2 中没有干涉现象，只有顺时针经光路 11′-2′2-3′3 和逆时针经光路 33′-22′-1′1 的两路光束返回到耦合器 C_1 中才产生干涉，图中 τ 为延迟光纤环，延迟光纤环，延迟光纤长为 1.5 km。$t = 0.0146$ ms，R 为光纤反射端面，PZT 为信号调制器。在参考臂的 PC 为偏振控制，用它调整干涉仪使其工作在正交状态。

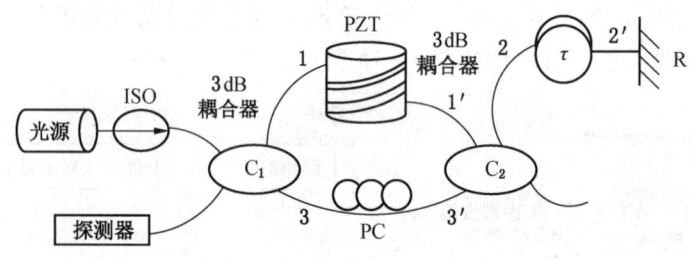

图 3-16 微分干涉仪结构

微分干涉仪具有线性范围广，信号处理电路简单，对缓变的温度等环境因素不敏感，并能使用短相干长度的光源等优点。

7. 白光干涉仪

相位调制型光纤干涉仪的优点是灵敏度高，但是只能进行相对测量，即只能用做变化量的测量，而不能用于状态量的测量。近年来发展起来采用白光作为光源的干涉仪，可以用作绝对测量。目前已经实现对位移、压力、振动、应力、应变、温度等物理量的绝对测量。

白光干涉仪由两个光纤干涉仪组成，结构如图 3-17 所示，其中一个 Fabry-Perot 光纤干涉仪用作传感头，放在被测量点，同时作为第二个干涉仪的传感臂；第二个干涉仪（Michelson 干涉仪）的另一支臂作为参考臂，放在远离现场的控制室，提供相位补偿。每个干涉仪的光程差都大于光源的相干长度。假设图中 A' 是 O 到 A 的等光程点，B' 是 O 到 B 的等光程点。这时当反射镜 C 从左向右通过 A' 位置时，在 Michelson 干涉仪的接收端将出现白光零级干涉条纹；同理，当反射镜 C 通过 B' 时会再次出现白光零级干涉条纹。两次零级干涉条纹所对应的位置 $A'B'$ 之间的位移就是 F-P 腔的光程。当传感臂受应变作用导致光纤长度发生变化时，相应的反射镜就要移动，这样干涉条纹才会再次出现，两次的变化量就是光程差，由此可推出物体的形变量。

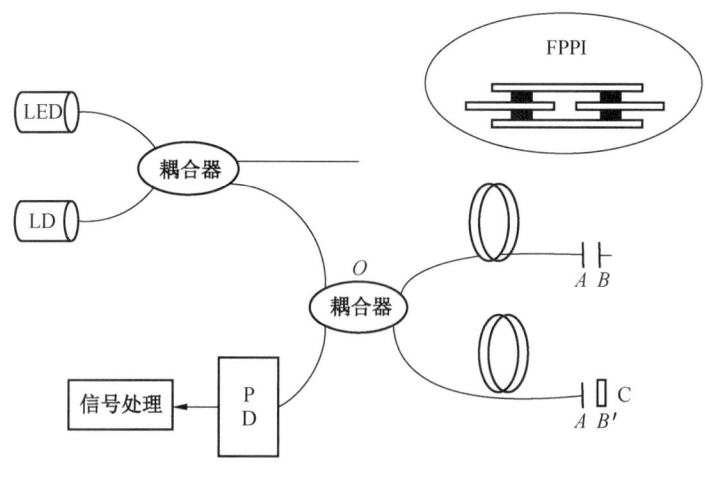

图 3-17 白光干涉仪的结构

白光干涉仪结构简单、成本低、具有抗干扰能力强、系统分辨率与光源波长稳定的优点，重要的是可以实现对被测量的绝对测量。但是白光干涉仪面临着降低光源相干度和确定零级干涉条纹位置的问题。

第三节 频率型调制光纤传感器

光纤传感器中的频率调制是指外界信号（被测量）改变光纤中光波的频率，通过测量频率的变化来测量外界被测参数。目前使用较多的光的频率调制是由多普勒效应引起的。多普勒效应是指，光的频率与光接收器和光源之间的运动状态有关，当它们之间是相对静止时，接收到的光频率为光的振荡频率；当它们之间有相对运动时，接收到的光频率与其振荡频率发生了频移。频移的大小与相对运动速度的大小和方向有关，通过测量频移就能测量到物体的运动速度。

光纤传感器测量物体的运动速度是基于光纤中的光入射到运动物体上，由运动物体反射或散射的光发生频移与运动物体的速度有关这一原理制成。

若静止的激光器发出的频率为 f_0 的平面波，在静止的空间坐标系 (x,y,z) 中传播时，

其场解可表示为

$$E = E_0 \exp[-i(2\pi f_0 t - k_i gr)] \tag{3-15}$$

当光线射到以速度 V 运动着的物体上的一点 O' 时,从运动的 O' 点来看,静止的激光器所发出的光的频率及其在空间传播的波动方程就发生了变化,如图 3-18a 所示,若以 O' 为原点建立动坐标 (x',y',z'),根据伽利略的坐标变换公式得同一点在不同坐标中的位置关系矢量 r' 与 r 的关系为

$$r = r' + Vt \tag{3-16}$$

式中,r 为静系中的位置矢量;r' 为动系中的位置矢量;V 为动系相对于静系的运动速度。

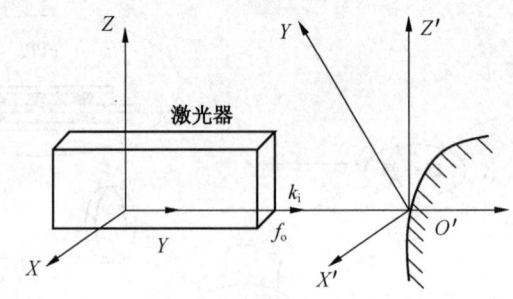

(a) 物体相对光源运动

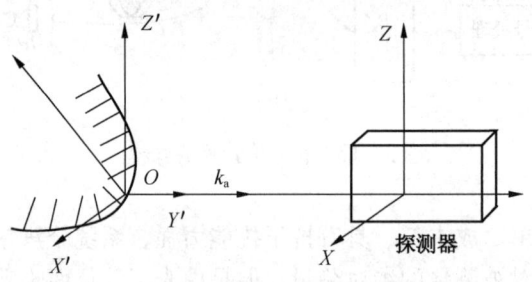

(b) 物体相对探测器运动

图 3-18 不同坐标中的位置关系矢量

从动坐标系来看场解为

$$E = E_0 \exp[-i(2\pi f_0 t - k_i V)t + ik_0 r'] \tag{3-17}$$

这意味着,在动系中频率为 $[f_0 - (1/2\pi)k_i V]$。入射到运动物体上的光要发生反射或散射,反射光或散射光的频率在动系中看仍为 $[f_0 - (1/2\pi)k_i V]$,则反射或散射光在动系中的场解为

$$E_s = E_0' \exp[-i(2\pi f_0 - k_i V)t - ik_s r'] \tag{3-18}$$

若在静止坐标系中用探测器接收散射光,如图 3-18b 所示,同样由伽利略变换关系得:

$$r' = r - Vt \tag{3-19}$$

所以

$$E_s = E'_0 \exp[-i(2\pi f_0 - k_i V)t - ik_s(r - Vt)]$$
$$= E'_0 \exp[-i(2\pi f_0 - k_i V + k_s V)t - ik_s r] \quad (3-20)$$

探测器接收到的频率为

$$f_s = f_0 - (1/2\pi)k_i V + (1/2\pi)k_s V \quad (3-21)$$

所以,光的频移为

$$f_D = |f_s - f_0| = (V/\lambda)[\cos(k_s V) - \cos(k_i V)] \quad (3-22)$$

在光纤传感器中,光的频率调制用来测量运动物体(或离子)的速度,入射光纤和接收光纤为同一根光纤,由式(3-22)得频移为

$$f_D = \frac{V}{\lambda}[\cos\theta - (-\cos\theta)] = \frac{2V\cos\theta}{\lambda} \quad (3-23)$$

式(3-23)就是多普勒频移 f_D 与被测速度 V 之间的关系式。光纤频率调制系统就是基于上述原理而制成的。

由于光探测器响应速度低于光频,不能用来测量光频而只能用来测量光强,所以,必须把高频光信号转换成低频信号才能探测频移从而达到测量运动速度的目的。有两种方法可以测量频移,即零差检测法和外差检测法。

一、零差检测法

He-Ne 激光器发出的频率为 f 的单色光入射到分束器上,分束器将输入光分成两束,一束由发射镜 M 送到探测器 D 上作参考光,另一束注入光纤,光经光纤传输到运动粒子上,运动粒子产生的具有多普勒频移的后向散射光将部分地被同一光纤接收,经分束器后再到达探测器,这就是信号光在探测器上信号光和参考光混频产生差频信号,如图 3-19 所示。

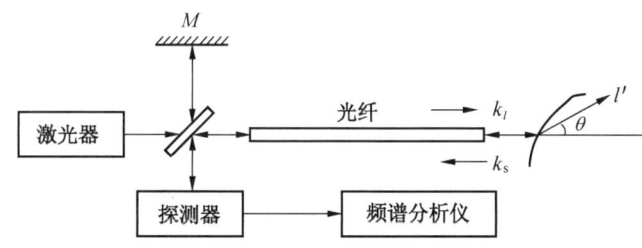

图 3-19 光纤频率调制的零差检测原理图

参考光为

$$E_R(t) = E_0 \exp(-i\omega_0 t) \quad (3-24)$$

信号光为

$$E_S(t) = E_0 \exp(-i\omega_s t) \quad (3-25)$$

式中,ω_0 为输入光角频率;ω_s 为输入光角频率。

在探测器上,两束光叠加,其振幅和强度分别为

$$E(t) = E_R(t) + E_S(t) \tag{3-26}$$

$$I(t) = E(t)E^*(t) = I_0(1 + \cos\Delta\omega t) \tag{3-27}$$

其中，$\Delta\omega = \omega_s - \omega_0$ 是待测角频率，$I_0 = E_0^2$ 是入射光强。因此，探测器输出的是频率为 $\Delta f = f_s - f_0$ 的电信号，将这一信号送入频谱分析仪即可求得频差的大小，进而得到 f_s 和被测物体的运动速度。f_s 可能大于也可能小于 f_0，这主要取决于运动物体的运动方向，但常用的频谱分析仪只能显示正频率，对负频率没有意义，因而采用零差检测法测出的频差只能测量物体的运动速度的大小，不能获得物体的运动方向的信息。

二、外差检测法

He-Ne 激光器输出的频率为 f_0 的光经第一分束器 BS_1 分成信号光和参考光，参考光经布拉格盒和发射镜 M_2 后到达第二个分束器 BS_2，布拉格盒引入一个固定频移 f_1，使到达探测器上的参考光的频率为 $f_R = f_0 - f_1$。BS_1 出来的信号经反射镜 M_1 和 BS_2 后耦合到光纤中，光纤把信号光引到待测物体上，同时接收被待测物体散射的散射光，散射光频率为 $f_R = f_0 + \Delta f_s$（Δf_s 为多普勒频移），散射光经 BS_2 后到达探测器，在探测器上，频率为 $(f_0 - f_1)$ 的参考光与频率为 $(f_0 + \Delta f_s)$ 的信号光混频后，出来的电信号的频率为

$$\Delta f = (f_0 + \Delta f_s) - (f_0 - f_1) = \Delta f_s + f_1 \tag{3-28}$$

式中，Δf_s 为多普勒频移；f_1 为布拉格盒的频移。将这一频率信号送入频谱分析仪中即可得到 Δf_s，如图 3-20 所示。

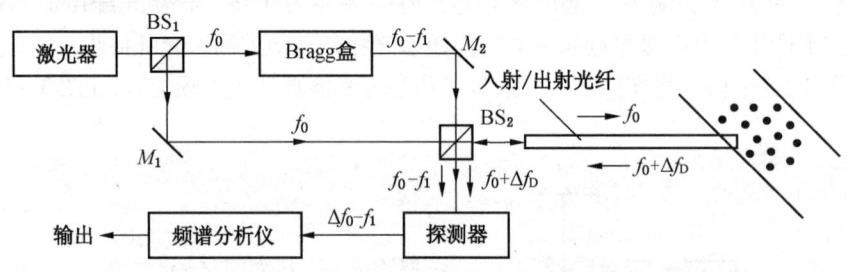

图 3-20 光纤频率调制的外差检测法

固定频率 f_1 的引入能够识别被测物体的运动方向，对与输入光同向运动的物体，Δf_s 为正，Δf 在 f_1 之右；对与输入光反向运动的物体 Δf_s 为负，Δf 在 f_1 之左。

外差检测法不仅能够获得物体运动的大小和方向，而且避开了 $1/f$ 噪声区域，使检测灵敏度提高。

第四节 偏振态调制型光纤传感器

偏振态调制型光纤传感器是有较高灵敏度的检测装置，它比相位调制光纤传感器的结构简单且调整方便。偏振态调制型光纤传感器通常基于电光、磁光和弹光效应，通过敏感

外界电磁场对光纤中传输的光波的偏振态的调制来检测被测电磁场参量。在光纤传感器中，偏振态调制主要基于人为旋光现象和人为双折射，如 Kerr 效应、Faraday 效应以及弹光效应。

1. 光纤的 Kerr 效应

Kerr 效应是一种电感应双折射，当线偏振光沿着与电场的方向通过克尔盒时，分解成两束线偏振光，一束的光矢量沿着电场方向称为 o 光，另一束的光矢量与电场垂直称为 e 光，则

$$\Delta = K\lambda_0 (U/d)^2 \tag{3-29}$$

式中，U 为外加电压；d 为电场极间距离；L 为光在克尔盒中的光程长度。
相应的相差为

$$\Delta\Phi = \frac{2\pi}{\lambda_0}(n_0 - n_e)L = 2\pi LK(U/d)^2 \tag{3-30}$$

如果起偏器与检偏器正交而且与电场方向成 45°角，则出射光波的光强为

$$I = I_0 \sin^2(\Delta\Phi/2) = I_0 \sin^2[\pi LK(U/d)^2] \tag{3-31}$$

所以，利用克尔效应可以构成光纤电压传感器。

在传感器中，应用 Kerr 效应的吸引力在于其普遍性及其不依赖于晶体的对称性，而且相对地说，与温度无关。然而，折射率之差与电场的平方关系，以及大多数材料的 Kerr 效应相当弱，这又限制了它在测量系统中的应用。

2. 光纤的弹光效应

弹光效应是应力应变引起的双折射效应，其中，纵向弹光效应是轴向应力作用下引起的光纤折射率变化；横向弹光效应是在通光正交方向的应力作用下，受力部分产生各向异性引起双折射。应力引起的感应双折射为

$$\Delta n = \rho\sigma \tag{3-32}$$

式中，ρ 是物质常数；σ 是施加的应力。光纤双折射使光波偏振变化，从而导致光波相位的变化。设光束通过的弹光材料长度为 l，则光程差 $\Delta\beta$ 和相位差 $\Delta\phi$ 为

$$\Delta\beta = \Delta n l = \rho\sigma l \tag{3-33}$$

$$\Delta\phi = 2\pi\Delta\beta\lambda^{-1} = 2\pi\rho\sigma l\lambda^{-1} \tag{3-34}$$

干涉型光纤传感器抗偏振衰落分集接收最初是由 FrigoN. J 等人于 1984 年提出的，该偏振分集接收法通过在接收端采用不同夹角的检偏器对信号进行检偏，并采用一定的算法来消除被检信号的偏振衰落问题。一般采用 3 个互成 120°的检偏器对输入光进行检偏，再选择可见度最好的 1 路进行解调，这样总能从其中拾取到 1 个不为零的可见度，完全衰落将不会产生。线偏光干涉时，需要 3 路检偏器来达到消偏效果，椭偏光发生干涉时最大可见度随干涉光的偏振消光比减小而增大，当偏振消光比小于 10 dB 后，2 路检偏可达到线偏光干涉时 3 路检偏的效果，并且椭偏光带来的干扰不会对信号解调产生影响。采用 3 路偏振分集接收的干涉型光纤传感系统的结构如图 3-21 所示。

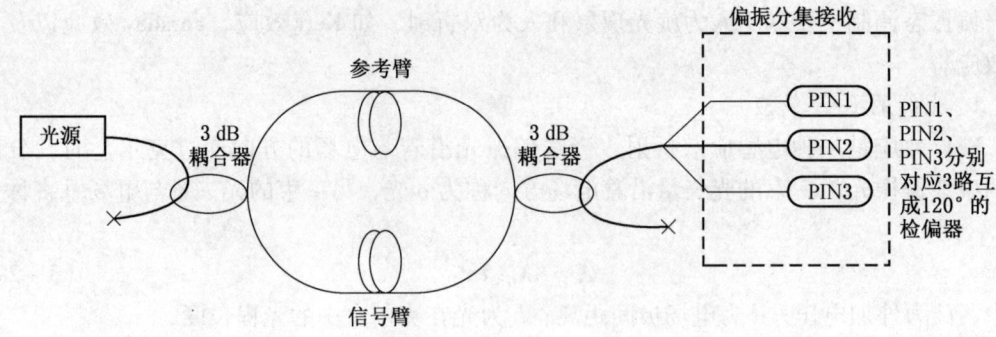

图 3-21 干涉型光纤传感系统的结构示意图

第五节 波长调制型光纤传感器

波长调制型光纤传感器是利用外界因素改变光纤中光能量的波长分布或者光谱分布，通过检测光谱分布来测量被测参数。波长调制原理如图 3-22 所示，光源发出的光能量分布为 $P_i(\lambda)$，由入射光纤耦合到传感头 S 中，在传感头 S 内，被测信号 $S_0(t)$ 与光相互作用，使光谱分布发生变化，输出光纤的能量分布为 $P_0(\lambda)$，由光谱分析仪检测出 $P_0(\lambda)$，即可得到 $S_0(t)$。

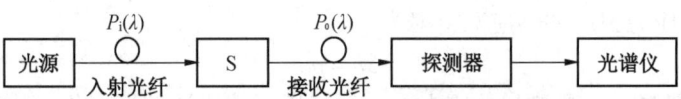

图 3-22 波长调制原理

在波长调制光纤传感器中，有时并不需要光源，而是利用黑体辐射、荧光等的光谱分布与某些外界参数有关的特性来测量外界参数的，常见的调制方式有以下 3 种。

1. 利用黑体辐射进行波长调制

利用物体的黑体辐射进行波长调制时，它不需要外加光源，直接由黑体腔收集物体的黑体辐射，并由蓝宝石光纤制成的探头探测，然后把这种宽频带额辐射传送到分光仪或滤光片，通过双波长或单波长检测就能测出黑体的温度，其调制原理如图 3-23 所示。

温度探头的薄金属膜壳体与外界热源接触，辐射亮度与波长的关系满足随温度变化的普朗克黑体辐射公式：

$$E(\lambda,T) = 2\pi c^2 h \lambda^{-5} [e^{ch/(k\lambda T)} - 1]^{-1} \approx 2C_1 \lambda^{-5} e^{-C_2/(\lambda T)} \tag{3-35}$$

式中，$C_1 = \pi c^2 h = 3.74 \times 10^{-12}\ \text{W}\cdot\text{cm}^2$ 是第一辐射常数；$C_2 = hc/K = 1.44\ \text{cm}\cdot\text{K}$ 是第二辐射常数；T 为绝对温度；h 为普朗克常数；K 为玻尔兹曼常数，$E(\lambda,T)$ 为黑体发射的光谱辐射亮度。

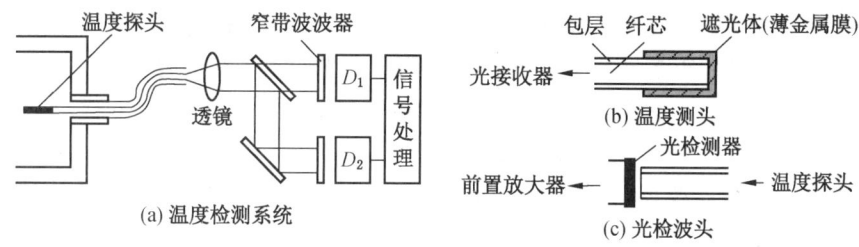

图 3-23 黑体辐射调制原理

由于一般物体不可能是绝对黑体,而是灰体,其光谱辐射功率谱可表示为

$$B(\lambda,T) = \varepsilon(\lambda,T)E(\lambda,T) = 2\varepsilon(\lambda,T)C_1\lambda^{-5}e^{-C_2/(\lambda T)} \quad (3-36)$$

式中,$B(\lambda,T)$ 为灰体的辐射功率密度;$\varepsilon(\lambda,T)$ 为物体的比辐射率。

$$T = C_2\lambda^{-1}\ln[2\varepsilon(\lambda,T)C_1B^{-1}\lambda^{-5}] \quad (3-37)$$

由式(3-37)可知,在 $\varepsilon(\lambda,T)$ 已知的情况下,测出某一波长下的功率密度 B 就可得到辐射体的温度 T。该原理的测温上限受石英的熔点温度限制,下限受探测器的灵敏度限制。

2. 利用荧光光谱的变化进行波长调制

光致荧光是电磁波激发的光辐射,荧光光谱相对于吸收光谱往长波波段移动,其峰值波长差是 Stokes 频移。根据产生荧光基本微粒的类型,荧光光谱分为以下三类:

(1) 原子荧光是原子外层电子吸收电磁辐射后,由基态跃迁至激发态,再回到较低能态或基态时发射出的辐射,如共振荧光、直跃线荧光和阶跃线荧光。原子荧光光谱法用测量待测元素的原子蒸气在特定频率辐射激发所产生的荧光强度测定元素含量。

(2) X 射线荧光是利用初级 X 射线激发原子内层电子所产生的次级 X 射线。X 射线荧光分析法经测量 X 射线荧光的波长及强度进行定性和定量分析。

(3) 分子荧光是处于基态的物质分子吸收激发光后跃迁到激发态,经转动、振动等损失部分激发能后,以无辐射跃迁到低振动能级再到基态,从而产生辐射。

当荧光分子与合适波长的光波相互作用时,荧光分子内产生电偶极子,初始运动方向平行于所加的电场方向。若分子处于热运动状态,则电偶极子辐射光子后会改变方向。荧光现象有两种基本应用:①标记,受外界因素,如测量环境中的化学物品,以及有无泵浦光照等因素使检测的荧光物质辐射光发生变化;②化学探测器,当分子去激励过程的速度比通常的荧光辐射快时荧光熄灭。

3. 利用磷光光谱的变化进行波长调制

固态物质的磷光分子受激态寿命为数毫秒到几个小时。磷光分子通过短冲激光激发,其辐射在一段时间内被探测。磷光现象有两个基本应用:①标记,撤去泵浦光仍有磷光辐射,可消除泵浦光的散射影响;②探测器,磷光可熄灭。

光波波长检测实际上是确定输出光谱及其能量分布,那么首先就要使各个波长的光分离,棱镜、光栅以及各种滤光片都能达到分光的目的,而且很多分光器的形式与光纤相容，适于光纤传感器的应用；其次，是各个波长能量的测量。所以波长调制的检测方法就是光谱分析法，即用分光仪和电荷耦合器件或者波长响应较宽的光电探测器相结合来检测光谱的能量分布。但在很多情况下并不需要检测输出光的整个光谱分布，而只需检测其中某两个波长的能量变化，它们的比值是被测量的函数，所以波长调制的检测方法还有比色法。

（1）光谱分析法。波长调制光谱分析检测原理如图3-24所示，从测量系统来的波长调制光信号由光纤耦合到分光计中，然后由CCD阵列或者探测器将光信号转换成电信号，再由信号处理得出被测物理量。若分光计为棱镜，则光电转换器件一般用CCD阵列，若分光计为光栅光谱仪，则用相应的探测器即可。

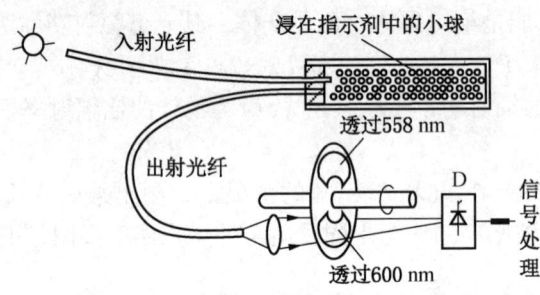

图3-24 波长调制光谱分析检测原理

（2）比色法。利用黑体辐射原理测量温度的传感器中，采用比色法检测时，在同一温度下，确定两个波长 λ_1、λ_2 下的 ε 和 B 值，分别记为 ε_1、ε_2 和 B_1、B_2，经计算有：

$$T = C_2 \left(\frac{1}{\lambda_1} - \frac{1}{\lambda_2} \right) \bigg/ \ln \left[\frac{B_2}{B_1} \frac{\varepsilon_1}{\varepsilon_2} \left(\frac{\lambda_2}{\lambda_1} \right)^5 \right] \tag{3-38}$$

这就是比色法所得到的结果。比色法可根据波长选择灵敏度高的探测器，但要求两个探测器特征的配对，如果特征配合困难，则需在一光路上增加一补偿环节，对两个探测器之间的差异进行补偿，以保证整个检测系统的检测精度。

第四章　分布式光纤传感原理及技术

与传统的传感器相比，光纤传感器除了具有轻巧、抗电磁干扰等特征之外，还能够既作为传感元件又作为传输介质，具有长距离、分布式监测的优势。分布式光纤传感器利用光纤的敏感性，集信息传输和传感于一身，只需一个光源和一根探测线路，就能够沿光纤铺设路径连续地对被测物理量进行检测。实际上，分布式光纤传感器可以像人的神经一样织入材料或结构内部，使之具有感知的能力，构成所谓的"机敏"蒙皮或"智能"结构，在国防和民用工业中都具有重要的应用价值。

实现分布式传感首先要保证外界物理量对光纤中传输光进行调制，将物理量的变化转变成光信号的变化。其次，还要能定位被测量的位置，获得被测量的空间分布。因此，分布式光纤传感器都是基于光时域反射（Optical Time Domain Reflectermetry，OTDR）技术发展起来的。同时，基于瑞利散射和拉曼散射的分布式传感技术的研究已经趋于成熟，并逐步走向实用化。基于布里渊散射的分布式传感技术的研究起步较晚，但由于它在温度、应变测量上所达到测量精度、测量范围以及空间分辨率均高于其他传感方式，因此这种技术在目前吸引了大量的研究力量。此外，还有其他类型的准分布式光纤传感器，包括时分复用、波分复用、频分复用及空分复用等技术。

分布式传感技术除了具有光纤传感器的所有独特优点外，其最显著的优点是可以准确地测出光纤沿线任一点上的应力、温度、振动和损伤等信息，而无须构成回路。如果将光纤纵横交错地敷设成网状，即构成具备一定规模的监测网，就可实现对监测对象的全方位监测，从而克服传统点式监测漏检的弊端，提高监测的成功率。

第一节　时域分布式光纤传感技术

一、光纤中的背向散射光分析

光在光纤中传输会发生散射，包括由光纤折射率变化引起的瑞利散射、光学声子引起的拉曼散射和声学声子引起的布里渊散射三种类型。

瑞利散射为光波在光纤中传输时，由于光纤纤芯折射率 n 在微观上随机起伏而引起的线性散射，是光纤的一种固有特性。

拉曼散射是入射光波的一个光子被一个声子（光学声子）散射成为另一个低频光子，同时声子完成其两个振动态之间的跃迁。拉曼散射光含有斯托克斯光和反斯托克斯光，如图 4-1 所示。瑞利散射的波长不发生变化，而拉曼散射和布里渊散射是光与物质发生非弹性散射时所携带出的信息，散射波长相对于入射波长发生偏移。

布里渊散射是入射光与声波或传播的压力波（声学声子）相互作用的结果。这个传

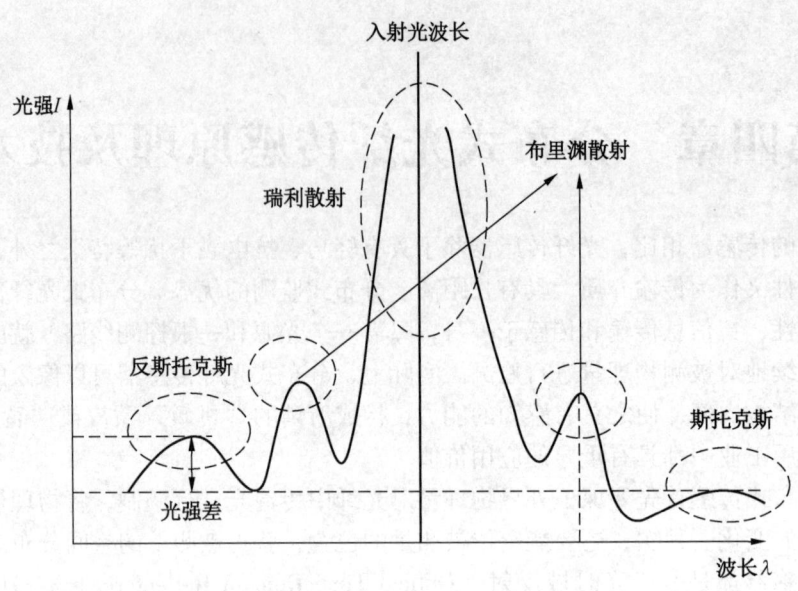

图 4-1 后向散射光分析

播的压力波等效于一个以一定速度（且具有一定频率）移动的密度光栅。因此，布里渊散射可看做是入射光在移动的光栅上的散射，多普勒效应使得散射光的频率不同于入射光。当某一频率的散射光与入射光、压力波满足相位匹配条件（对光栅来说，就是对应于满足布拉格衍射条件）时，此频率的散射光强为极大值。

二、光时域反射技术（OTDR）

瑞利散射型分布式光纤传感技术和布里渊散射型分布式光纤传感技术都是基于光时域反射技术。OTDR 检测是通过将光脉冲注入光纤中，当光脉冲在光纤内传输时，会由于光纤本身的性质、连接器、接头、弯曲或其他类似的事件而产生散射、反射，其中一部分的散射光和反射光将经过同样的路径延时返回到输入端。OTDR 根据入射信号与其返回信号的时间差（时延）τ，可计算出上述事件点与 OTDR 的距离 d：

$$d = \frac{c\tau}{2n} \tag{4-1}$$

式中，d 为光在真空中的速度；n 为光纤纤芯的有效折射率。

OTDR 的工作原理图是将一束窄的探测脉冲光通过双向耦合器注入光纤中，脉冲光在光纤中向前传输时会不断产生背向瑞利散射光，背向瑞利散射光通过该双向耦合器耦合到光电检测器中。

设光纤的衰减系数为 α，则脉冲光传播到光纤 L 位置处时的峰值的功率为

$$P(z) = P_0 e^{-\alpha L} \tag{4-2}$$

在该处产生的瑞利散射功率为

$$P_R(z) = \frac{v}{2}P_0 \mathrm{e}^{-aL} S\alpha_s W \tag{4-3}$$

当返回到光电探测器时，其功率变为

$$P_R(z) = P_0 \mathrm{e}^{-aL} S\alpha_s W \frac{v}{2} = P_0 \mathrm{e}^{-avt} S\alpha_s W \frac{v}{2} \tag{4-4}$$

由式（4-4）可见，OTDR 得到的光纤沿线的瑞利散射曲线为一条指数衰减的曲线，该曲线表示出了光纤沿线的损耗情况。当脉冲光在光纤中传播的过程中遇到裂纹、断点、接头、弯曲、端点等情况时，脉冲光产生一个突变的反射或衰减，可以获得该点的位置，因此可实现对这些状况的检测。

OTDR 的系统结构如图 4-2 所示，脉冲发生器驱动光源产生探测光脉冲，探测光脉冲经定向耦合器注入被测光纤，其在被测光纤中的背向瑞利散射和反射信号经定向耦合器输出被光电探测器接收，光电探测器输出的电流信号经放大和模数转换后经数字信号处理得到探测曲线。信号控制及处理单元设有时钟，对脉冲发生器和模数转换单元进行触发和计时，实现对光纤各个位置散射点的定位。另外，通过对接收到的电信号进行处理可得到各个散射位置处的功率信息。

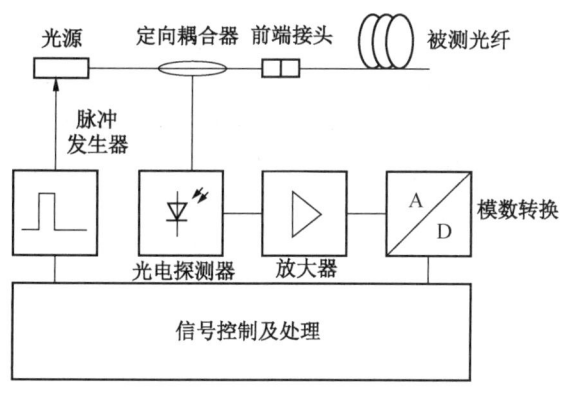

图 4-2 OTDR 系统结构

由于 OTDR 直接探测背向瑞利散光的规律，光源输出功率越高，背向散射信号就越强，探测距离越大。因此，OTDR 通常使用带宽为数十纳米的宽带光源。这一方面是为了获得高的测量动态范围，另一方面是为了避免窄线宽的高功率激光脉冲在光纤中传输引起的非线性效应对 OTDR 性能的影响。

OTDR 的性能指标包括动态范围、空间分辨率、测量盲区、工作波长、采样点、存储空间、质量、体积等。作为全分布式传感器，其主要性能指标有动态范围、空间分辨率和测量盲区。

1. 动态范围

动态范围定义为初始背向散射功率和噪声规律之差，单位为对数单位（dB）。动态范围是 OTDR 非常重要的一个参数，通常用它来对 OTDR 性能进行分类。它表明了可以测量的最大光纤损耗信息,直接决定了可测光纤的长度,OTDR系统动态范围如图4-3所示。

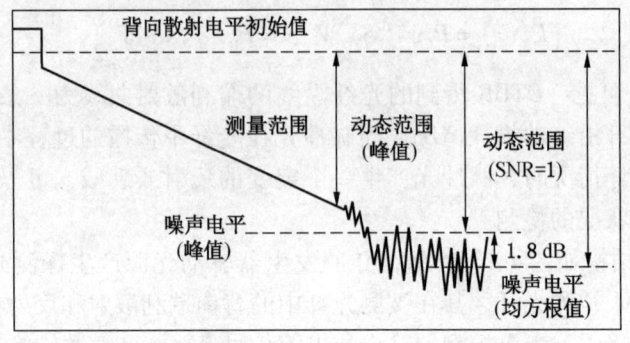

图4-3 OTDR系统动态范围

2. 空间分辨率

空间分辨率显示了仪器能分辨两个相邻事件的能力,影响定位精度和时间识别的准确性。对OTDR而言,空间分辨率通常定义为事件反射峰功率的10%~90%这段曲线对应的距离。空间分辨率通常由探测光脉冲宽度决定,若探测光脉冲宽度为W,则OTDR的理论空间分辨率$SR=vW/2$,其中v为探测光在光纤中的传播速度。虽然理论上空间分辨率由探测光脉冲宽度决定,但实际上系统的采样率对空间分辨率也有重要影响。只有在采样率足够高、采样点足够密集的条件下,才能获得理论的空间分辨率。OTDR系统空间分辨率如图4-4所示。

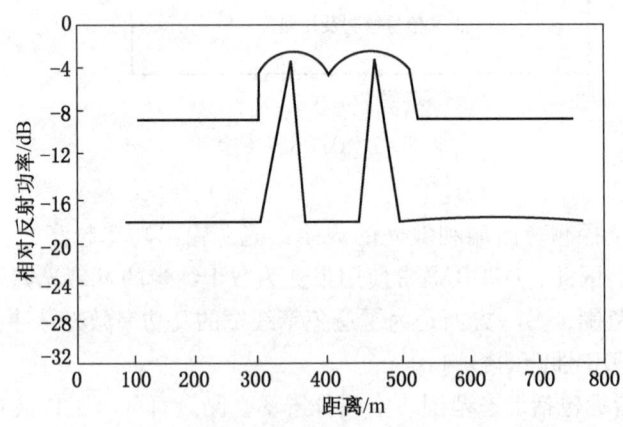

图4-4 OTDR系统空间分辨率

3. 测量盲区

测量盲区指的是由于高强度反射事件导致OTDR的探测器饱和后,探测器从反射事件开始到再次恢复正常读取光信号时所持续的时间,也可表示为 OTDR 能够正常探测两次事件的最小距离间隔。

三、瑞利散射型分布式光纤传感技术

瑞利散射为光波在光纤中传输时,由于光纤纤芯折射率在微观上随机起伏而引起的线性散射,是光纤的一种固有特性。瑞利散射的原理是沿光纤传播的光在纤芯内各点都会有损耗,一部分光沿着与光纤传播方向成 180°的方向散射,返回光源。由于瑞利散射属于本征损耗,因此可以作为应变场检测参量的信息载体,提供沿光路全程的单值连续检测信号。利用光时域反射(OTDR)原理来实现对空间分布温度的测量。当窄带光脉冲被注入到光纤中时,该系统通过测后向散射光强随时间变化的关系来检查光纤的连续性并测出其衰减。采用 OTDR 技术,可以确定光纤处的损耗、光纤故障点、断点位置典型传感器的结构如图 4-5 所示。

依据瑞利散射光在光纤中受到的调制作用,该传感技术可分为强度调制型和偏振态调制型。

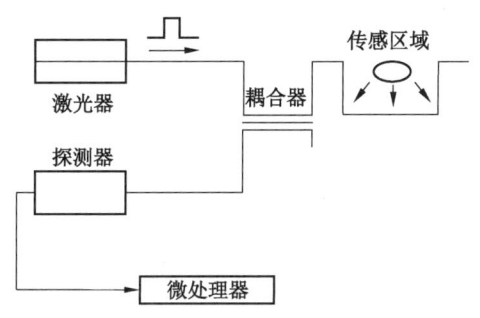

图 4-5 瑞利散射型光纤传感器基本系统

1. **强度调制型**

当一束脉冲光在光纤中传播时,由于光纤中存在折射率的微观不均匀性,会产生瑞利散射。如果外界物理量的变化能够引起光纤的吸收、损耗特性或瑞利散射系数的变化,那么通过检测后向散射光信号的强度就能够获得外界物理量的大小。目前基于对后向瑞利散射光进行强度调制的传感器有利用微弯损耗构成的分布式光纤力传感器、利用光纤材料在放射线照射下所引起光损耗构成的分布式辐射传感器,利用化学染料对光的吸收特性构成的分布式化学传感器,利用液芯光纤瑞利散射系数与温度的关系构成的分布式温度传感器。

2. **偏振态调制型**

偏振态光时间域反射法的基本原理是,如果光纤受一些外界物理量的调制,那么光的偏振态就会随之发生变化。而瑞利散射光在散射点的偏振方向与入射光相同,所以在光纤的入射端对后向瑞利散射光的偏振态和光信号的延迟时间进行检测就可获得外界物理量的分布情况。由于磁场、电场、横向压力和温度都能够对光纤中光的偏振态进行调制,因此该技术可用于实现多个物理量的测量。

瑞利散射属于弹性散射,不改变光波的频率,即瑞利散射光与入射光具有相同的波长。散射光强与入射光波长的四次方成反比,即

$$I(\lambda) \propto \frac{1}{\lambda^4} \tag{4-5}$$

式(4-5)表明,入射光的波长越长,瑞利散射光的强度越小。

散射光强随观察方向而变,在不同的观察方向上,散射光强不同,可表示为

$$I(\theta)=I_0(1+\cos^2\theta) \tag{4-6}$$

式中，θ 为入射光方向与散射光方向的夹角；I_0 是 $\theta=\pi/2$ 方向上的散射光强。

散射光具有偏振性，其偏振程度取决于散射光与入射光的夹角。自然光入射到各项同性介质中，在垂直于入射方向上的散射光是线偏振光，在原入射光及其反方向上，散射光仍是自然光，在其他方向上是部分偏振光，偏振程度与 θ 角有关。

对于光纤中脉宽为 W 的脉冲光，它的瑞利散射功率 P_R 为

$$P_R = PS\alpha_s W\frac{v}{2} \tag{4-7}$$

当光波在光纤中向前传输时，会在光纤沿线不断产生背向的瑞利散射光，根据式（4-7）可知，这些散射光的功率与引起散射的光波功率成正比。由于光纤中存在损耗，光波在光纤中传播时能量会不断衰减，因此光纤中不同位置处产生的瑞利散射信号便携带有光纤沿线的损耗信息。另外，由于瑞利散射发生时会保持散射前光波的偏振态，所以瑞利散射信号同时包含光波偏振态的信息。因此，当瑞利散射光返回到光纤入射端后，通过检测瑞利散射信号的功率、偏振态等信息，可对外部因素作用后光纤中出现的缺陷等现象进行探测，从而实现对作用在光纤上的相关参量，如压力、弯曲等的传感。

四、拉曼散射型分布式光纤传感技术

当光波通过光纤时，光纤中的激光光子和二氧化硅分子发生非弹性碰撞，产生拉曼散射过程。在光谱图上，拉曼散射频谱具有两条谱线，分别分布在入射光谱线的两侧。其中，波长大于入射光的为斯托克斯光，波长小于入射光的为反斯托克斯光。在自发拉曼散射中，斯托克斯光与反斯托克斯光的强度比和温度存在一定的关系，即

$$R(T)=\frac{I_a(T)}{I_s(T)}=\left(\frac{\lambda as}{\lambda a}\right)^4 \mathrm{e}^{-\frac{hcv_0}{kT}} \tag{4-8}$$

式中，h 为普朗克常数；c 为真空中的光速；v_0 为入射光频率；k 为玻尔兹曼常数；T 为绝对温度值。

拉曼散射光中斯托克斯光的光强度与温度无关，而反斯托克斯光的光强会随温度变化。反斯托克斯光光强 I_{as} 与斯托克斯光光强 I_s 之比和温度 T 之间的关系为

$$\frac{I_{as}}{I_s}=a\mathrm{e}^{-\frac{hcv_0}{kT}} \tag{4-9}$$

实测斯托克斯-反斯托克斯光强之比可计算出温度：

$$T=\frac{hcv_0}{k}\cdot\frac{1}{\ln a-\ln\left(\frac{I_{as}}{I_s}\right)} \tag{4-10}$$

拉曼散射型光纤传感器正是利用这一关系来实现传感。基于拉曼散射光时域反射仪（ROTDR）的分布式光纤传感器原理就是拉曼散射光中斯托克斯光的光强度与温度无关，而反斯托克斯光的光强会随温度变化。由于 ROTDR 直接测量的是拉曼反射光中斯托克斯光与反斯托克斯光的光强之比，与其光强的绝对值无关，因此即使光纤随时间老化，光损耗增加，仍可保证测温精度。

五、布里渊散射型分布式光纤传感技术

布里渊散射是由光子和以声速传播的声子间的相互作用产生的。由于光学介质内大量质点的统计热运动会产生弹性声波，会引起介质密度随时间和空间的周期性变化，从而使得介质折射率也随时间和空间周期性地变化。布里渊散射可以看作是入射光在运动着的光栅上的散射。

布里渊散射斯托克斯光相对于入射光的频移为

$$v_B = \frac{2v_0}{c} nv \sin\frac{\theta}{2} \qquad (4-11)$$

式中，v_0 为入射光频率；n 为介质折射率；c 为真空中光速；v 为介质中声速；θ 为入射光与散射光之间的夹角。

当光束在光纤中传输时，后向散射光沿光纤原路返回，即 $\theta = \pi$，因而在光纤中的后向布里渊散射频移量为

$$v_B = \frac{2nvv_0}{c} \qquad (4-12)$$

其中，声速 v 为

$$v = \sqrt{\frac{(1-k)E}{(1+k)(1-2k)\rho}} \qquad (4-13)$$

式中，E、k、ρ 分别为介质的杨氏模量、泊松比和密度。

背向布里渊散射频移只由介质的声学特性和弹性力学特性决定。

在光纤中存在着热光效应和弹光效应，温度和应变分别通过热光效应和弹光效应使光纤折射率发生变化。而温度和应变对声速的影响则是通过对 E,k,ρ 的调制来实现的。密度随温度、应变的变化而发生变化。因此，光纤的折射率 n，杨氏模量 E,k,ρ 都可以表示为温度和应变的函数，分别记为 $n(T,\varepsilon)$、$E(T,\varepsilon)$、$k(T,\varepsilon)$、$\rho(T,\varepsilon)$，此时，背向布里渊散射频移为

$$v_B(T,\varepsilon) = \frac{2v_0 n(T,\varepsilon)}{c} \sqrt{\frac{E(T,\varepsilon)[1-k(T,\varepsilon)]}{[1+k(T,\varepsilon)][1-2k(T,\varepsilon)]\rho(T,\varepsilon)}} \qquad (4-14)$$

因此，布里渊频移是温度和应变的函数，在一定注入功率下，布里渊散射光的强度同样受温度、应变的影响。布里渊功率随温度的上升而线性增加，随应变增加而线性下降。因此布里渊功率表示为

$$P_B = P_{B0} + cP_0 T\Delta T + cP_0 \varepsilon \Delta \varepsilon \qquad (4-15)$$

式中，P_0 是在 $T = 0$ ℃，应变为 $0\ \mu\varepsilon$ 时的布里渊功率。

光纤中布里渊散射信号的布里渊频移和功率与光纤所处环境温度和所承受的应力在一定条件下呈线性变化关系，并由下式给出：

$$v_B = v_{B0} + cvT\Delta T + cv\varepsilon\Delta\varepsilon \qquad (4-16)$$

式中，v_{B0}、P_{B0} 分别为参考温度、应变下的布里渊散射光的频移和功率；ΔT、$\Delta \varepsilon$ 分别为温度和应变变化量。

布里渊散射的光时域反射型（BOTDR）传感器中测量的是布里渊散射信号，与布里

渊散射光频率相关的光纤材料特性主要受温度和应变的影响。将一脉冲光注入光纤，当脉冲光在光纤中传输时，在光纤的脉冲发射端可以检测到由布里渊散射产生的背向散射光，脉冲光和散射光之间的时间延迟可以提供检测光纤的位置信息，因而可以对光纤进行分布式测量。布里渊散射的频移和功率受温度和应变的影响，通过检测频移或功率即可获得温度和应变信息。

第二节　准分布式光纤传感原理

准分布式光纤传感的基本思路是，将呈一定空间分布的相同调制类型的光纤传感器耦合到一根或多根光纤总线上，通过寻址、解调，检测出被测量的大小及空间分布，光纤总线仅起到传光作用。准分布式光纤传感系统实质上是多个分立式光纤传感器的复用系统。根据寻址方式的不同，可以分为时分复用（TDM - Time Division Multiplex）、波分复用（WDM Wavelength Division Multiplex）、频分复用（FDM Frequency Division Multiplex）、偏分复用（PDM Polarization Division Multiplex）、空分复用（SDM Space Division Multiplex）等几类，其中时分复用、波分复用和空分复用技术较成熟，复用的点数较多。多种不同类型的复用系统还可组成混合复用网络系统。下面主要介绍时分复用、波分复用、频分复用及空分复用的基本原理。

一、时分复用（TDM）

时分复用靠耦合于同一光纤总线上的传感器间的光程差，即光纤对光波的延迟效应来寻址。当脉宽小于光纤总线上相邻传感器间的传输时间的光脉冲自光纤总线的输入端注入时，由于光纤总线上各传感器距光脉冲发射端的距离不同，在光纤总线的终端将会接收到许多个光脉冲，每一个光脉冲对应光纤总线上的一个传感器，光脉冲的延时反映传感器在光纤总线上的地址，光脉冲的幅度或波长等的变化反映该点被测量的大小。时分复用系统如图4-6所示。注入的光脉冲越窄，传感器在光纤总线上的允许间距越小，可耦合的传

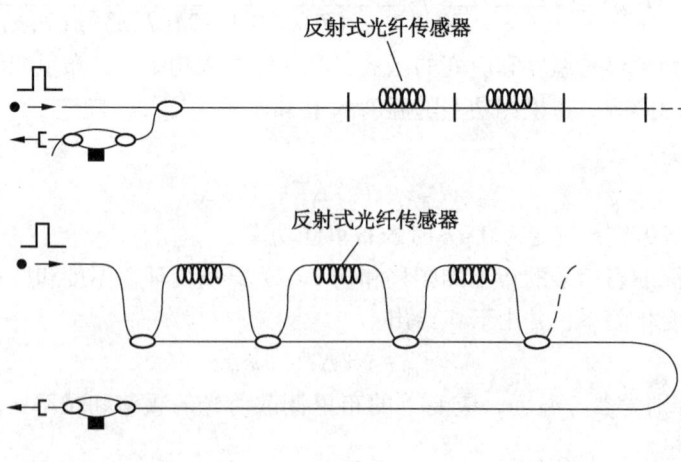

图4-6　时分复用示意图

感器数目越多,对解调系统的要求也越苛刻。

二、波分复用(WDM)

波分复用通过光纤总线上传感器的调制信号的特征波长来寻址。由于光波长编码/解码方式很多,波分复用的结构也多种多样,一种比较典型的波分复用系统如图4-7所示。当宽带光束注入光纤总线时,由于传感器的特征波长不同,通过滤波/解码系统即可求出被测信号的大小和位置。但由于一些实际部件的限制,总线上允许耦合的传感器数目不多,一般为8~12个。

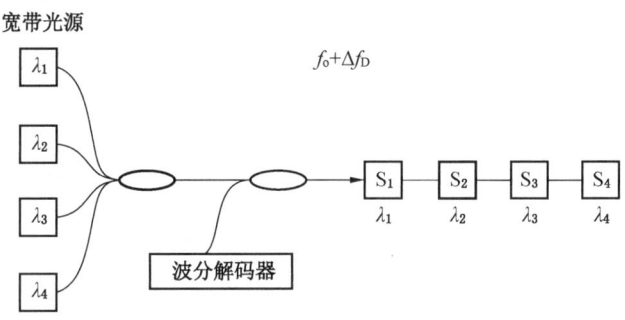

图4-7 波分复用系统

三、频分复用(FDM)

频分复用是将多个光源调制在不同的频率上,经过分立的传感器后汇集在一根或多根光纤总线上,每个传感器的信息包含在总线信号中对应的频率分量上。图4-8所示为频分复用的一种典型结构。采用光源强度调制的频分复用技术可用于光强调制型传感器,采用光源光频调制的频分复用技术可用于光位相调制型传感器,采用光源光频调制的频分复用技术可用于光位相调制型传感器。

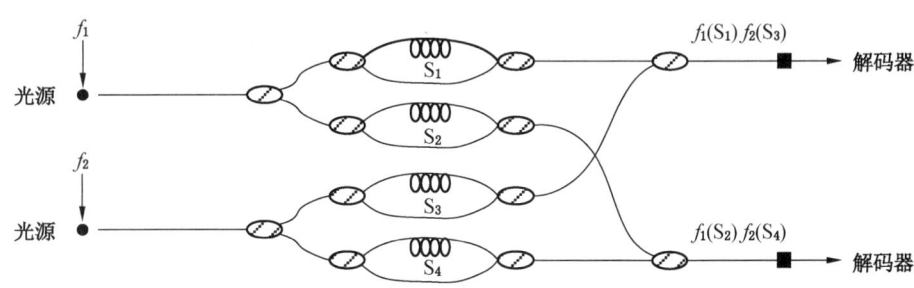

图4-8 频分复用示意图

四、空分复用（SDM）

空分复用是将传感器接收光纤的终端按空间位置编码，通过扫描机构控制选通光开关选址，其示意图如图4-9所示。开关网络应合理布置，信道间隔应选择合适，以保证在某一时刻单光源仅与一个传感器的通道相连。空分复用的优点是能够准确地进行空间选址，实际复用的传感器不能太多，以少于10个为佳。

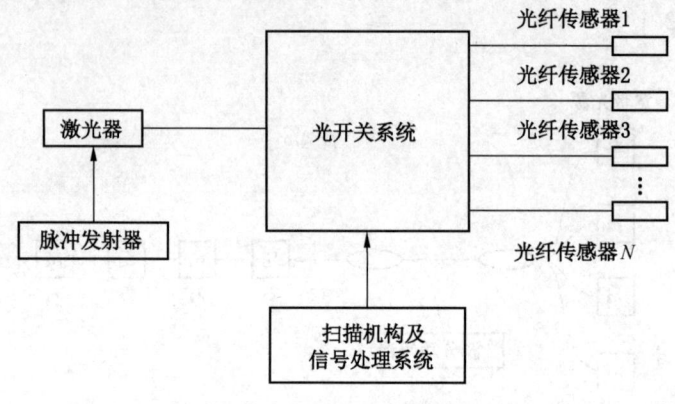

图4-9 空分复用示意图

第五章　光纤光栅传感原理

光纤光栅是利用光纤材料德光敏性，在纤芯内形成空间相位光栅，其作用是在纤芯内形成一个窄带的滤波器或发射镜，使得光在其中的传播行为得以改变和控制。由于光纤的本征属性，光纤光栅已被视为一种理想的传感材料，其中，基于 Bragg 光栅的传感器是通过外界参量对其 Bragg 中心波长的调制来获得传感信息，是一种波长调制型光纤传感器。

光纤光栅用作传感器的原理如图 5-1 所示。用一宽带光源，比如边发射 LED、超发光二极管或超荧光光纤光源甚至弧灯，将它发出的光注入光纤，则光纤光栅的发射光波长由下式确定：

$$\lambda_B = 2n_{eff}\Lambda \tag{5-1}$$

式中，λ_B 为光栅的反射光的波长；n_{eff} 为光栅的有效折射率；Λ 为光纤光栅的周期。

由此可见，反射光的中心波长只与光栅的有效折射率和周期有关。当光纤产生轴向应变或外界温度变化时，将改变光纤光栅的反射光波长。该波长不受光强度的影响，且是一个绝对移动值。

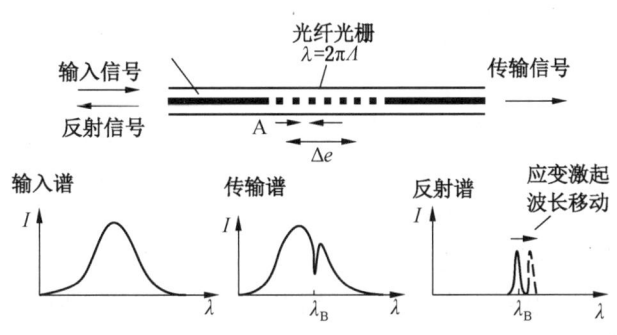

图 5-1　光纤光栅传感器原理

光纤光栅传感器的关键技术是测量其波长的移动。通常测量光波长可以使用光谱分析仪，也可以使用波分复用、空分复用和时分复用技术，将多个光栅复用成传感器网络，因此使用光纤光栅网络中的各个光栅的波长移动解调成为传感器网路的关键，它是以单个光纤光栅的波长移动解调为基础的。因此，波长解调是光纤传感器主要解调方式之一。

一、光谱仪检测法

对于光纤布拉格光栅波长解调技术来说，光谱仪检测法是一种比较直接的解调方法

（直读法）。可将光纤光栅与光谱仪连接，并通过光谱仪界面直接观察光栅的波形与波长信息。如图 5-2 所示，ASE 宽带光源发出的光经环形器入射到光纤布拉格光栅（FBG），光纤布拉格光栅（FBG）反射的光经环形器传送到光谱仪，可在光谱仪界面上观测光栅光谱与中心波长。

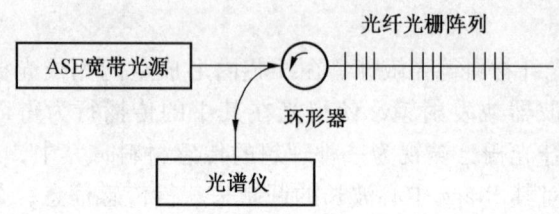

图 5-2 光谱仪检测法示意图

光谱仪检测法系统易于实现，由于传统的光谱仪主要的光学元件为色散棱镜或衍射光栅，因此其分辨率受到限制，不能满足高精度解调的要求。高精度的光谱仪内部结构复杂，属于精密仪器，因其价格较高、体积过大、不方便携带运输且对使用环境有一定限制，因此不适用于大规模、条件复杂的环境。光谱分析仪一般只有单个通道，在其界面上只能读取光栅谱形及波长，无法实时显示外界被测物理量（如应变、温度、振动等）的变化，需要将采集到的波长信息在计算机上做运算处理，因此数据处理实时性不高。基于上述原因，光谱仪检测法并不适合大规模的工程应用。

二、滤波检测法

利用不同的器件和相应的辅助机构构成可调谐的光学滤波器，实现光纤光栅传感信号的解调是目前较为常用的方法。滤波法解调结构如图 5-3 所示，宽带光源输出的光经耦合器 1 进入传感光纤光栅，反射光经耦合器 1 和耦合器 2 后分两路输出，一路经滤波器和探测器后转换为跟信号光强有关的电信号，放大后输入除法器；另一路为参考光信号，经探测器放大后直接进入除法器，由除法器的输出就可以很方便地检测出 λ_B 的大小，该方法基于光强检测，适用于动静态测量，具有较好的线性输出，信号处理系统简单且能消除

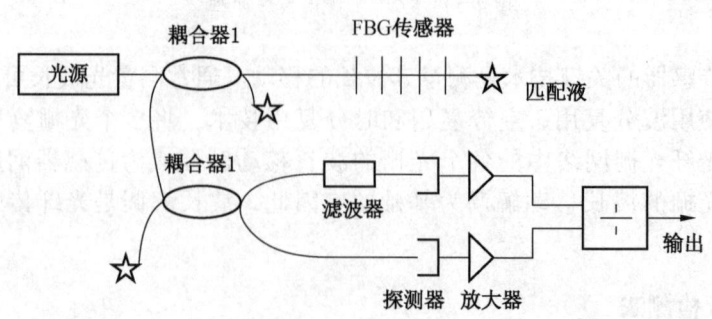

图 5-3 滤波法解调结构示意图

光强变化的影响。

三、可调谐光纤光栅滤波器

采用两个参数相近的传感光纤光栅和参考光纤光栅,其中被测信号作用在传感光纤光栅上,参考光纤光栅与压电陶瓷片紧贴在一起,压电陶瓷外加扫描电压驱动,如图 5-4 所示。传感光纤光栅的反射光入射到参考光纤光栅时,利用参考光纤光栅在压电驱动元件的作用下跟踪传感光纤光栅的波长变化,当参考光纤光栅反射波长与传感光纤光栅反射波长一致时,具有最大反射功率或最小透射功率,通过测量驱动信号即可获得被测量,应变精度和温度测量精度分别为 3.0 $\mu\varepsilon$ 和 0.2 ℃。对多个参考光纤光栅进行扫描构成波分复用传感网络解调系统,其动态分辨率为 0.01 $\mu\varepsilon$,并具有 ±100 $\mu\varepsilon$ 线性响应。该解调方法结构简单,造价低,但由于 PZT 响应速度、非线性和迟滞的影响,多适用于低频传感信号的测量。

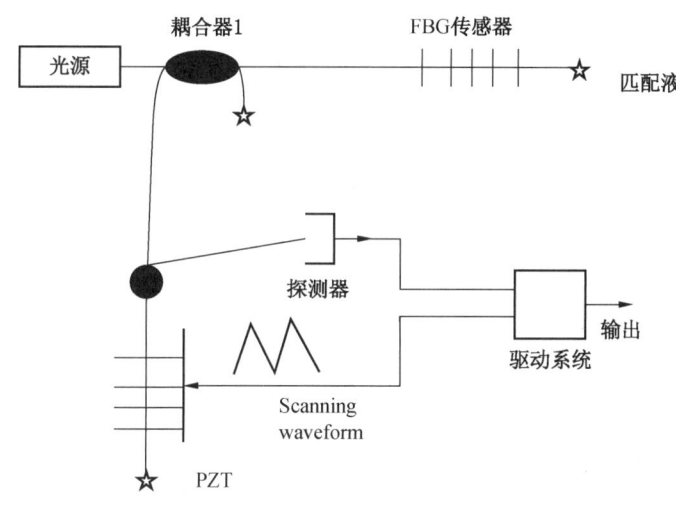

图 5-4 可调谐滤波器结构示意图

四、声-光可调谐滤波器解调法

声-光可调谐滤波器解调法(A-cousto-optic Tumble Filter,AOTF)是以电调谐实现波长扫描的方法,它采用一个由射频驱动频率可调谐的固态光滤波器,系统在扫描模式下,通过 PZT 驱动声-光可调谐滤波器扫描整个光谱范围;AOTF 受电压控制振荡器在传感波长范围内的调节,来自光栅的功率被记录下来,此时在光电探测器上得到的结果是 FBG 光谱与 AOTF 的透射光谱在波长域的相关,在锁定模式中,检测系统采用反馈环来跟踪特定的光栅波长,如图 5-5 所示。AOTF 最突出的优点在于它提供的多射频信号驱动可实现多波长信号的并行处理,进而可以构成波分复用光纤光栅网络。

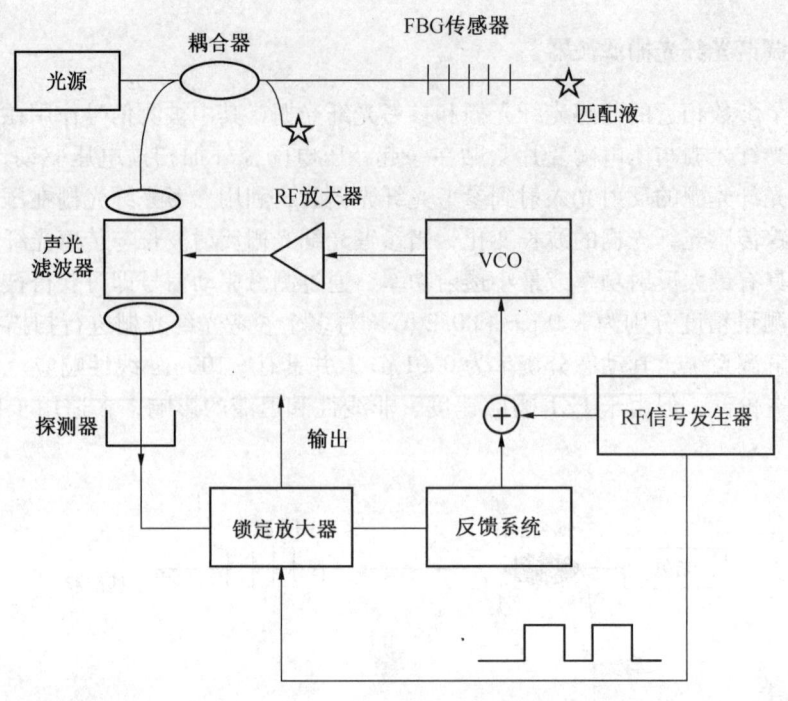

图 5-5 声-光可调谐滤波器解调法示意图

五、干涉法

滤波解调法虽然比较简单,但很难进一步提高其传感精度。干涉法是利用干涉仪将波长的漂移量转化成相位变化量进行测量,主要有非平衡 Mach–Zehnder 干涉法、Michelson 干涉仪解调法和 Sagnac 干涉法等。

图 5-6 所示为非平衡 Mach–Zehnder（M–Z）干涉解调法结构。宽带光源通过耦合器入射到 FBG 上,其反射光经过两个耦合器进入不等臂长的 M–Z 干涉仪,当传感光纤光栅受到外界作用时,其中心波长的变化导致非平衡 M–Z 干涉的相位发生变化,解调出相位变化量即可得到波长偏移量。该解调方法具有响应速度快、分辨率高的特点,多适用于动态测量,但在实际应用过程中极易受应变、温度等外界因素的干扰。

图 5-7 所示为 Michelson 干涉仪解调法结构。自传感光纤光栅的光波进入非平衡扫描 Michelson 干涉仪（短臂缠绕在受锯齿波信号驱动的压电陶瓷上）时,其输出信号经探测器接收后变为电信号,适当处理后与压电陶瓷的驱动信号分别作为待测信号和参考信号一起输入相位计,用相位计观测波长漂移引起干涉仪两臂间相位差的变化,调整驱动信号的幅值以及直流电平的大小,使干涉信号变化的频率与参考信号的频率一致,此时相位计所显示的值与施加在传感光纤光栅上的待测应变的大小有关。该法的响应速度快,检测灵敏度和分辨率较高,在高频系统检测中有广阔的应用前景,但它容易受环境温度的变化及振动或抖动的影响,会改变有效光程差,使得测量信号的信噪比降低。

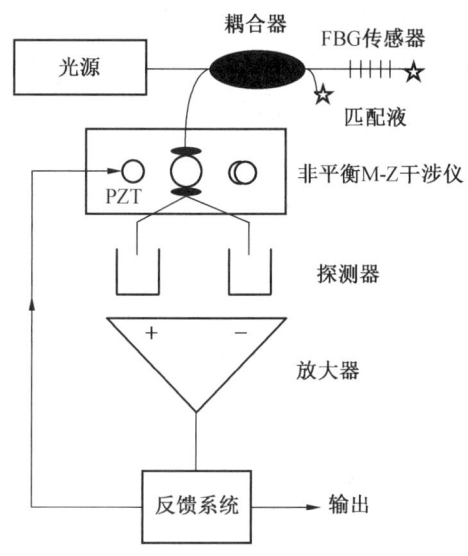

图 5-6 非平衡 Mach-Zehnder 干涉法结构示意图

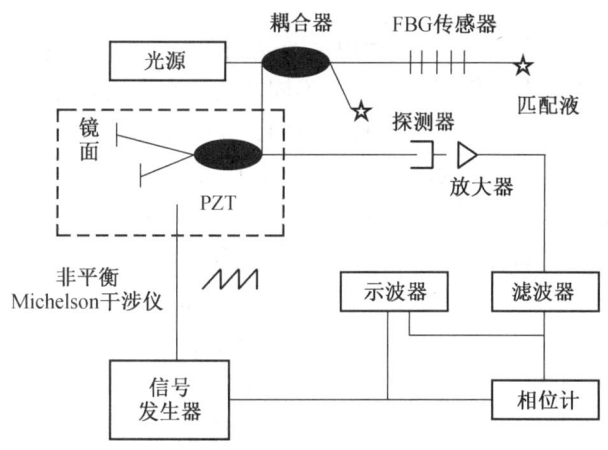

图 5-7 Michelson 干涉仪解调法结构示意图

六、波长可调谐光源法

为获得较高的信噪比和分辨率,通过调谐光源波长来达到与光纤光栅布拉格波长相匹配,进而实现传感信号的解调。可调谐窄带光源解调方案中,如图 5-8 所示,传感光纤光栅作为光纤激光器的一个反射端,激光器固定在压电体上,当压电体受信号驱动时,激光波长在一定范围内扫描,当窄带可调谐激光输入光纤光栅并周期性地扫描其输出波长时，可以获取光纤光栅的反射谱或透射谱，由每次扫描反射光最佳时的扫描电压可知相应的传感光栅的波长值。由于激光信号强度大，该方法具有较高的信噪比和分辨率，实验所得最小波长分辨率为 2.3 pm，对应温度分辨率为 0.2 ℃。但因稳定性和可调谐范围不理想、PZT 的响应时间等原因在一定程度上限制了其应用。

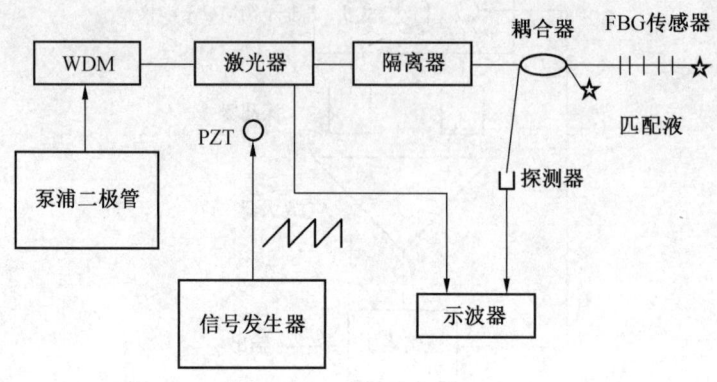

图 5-8 可调谐窄带光源解调结构示意图

七、光栅色散法

光栅色散法结构如图 5-9 所示，利用色散光栅等分光元件，将传感光纤光栅的反射谱或透射谱经透镜准直后在空间展开，由于不同波长的光束经色散光栅衍射后在空间传播时具有不同的衍射角，传感光纤光栅波长的不同，光纤光栅波长漂移量经色散光栅后对应不同的衍射角，在固定位置用电荷耦合器（CCD）接收来自传感光纤光栅的信号变化。该系统可以探测到 1 pm 的变化，具有成本低、光能利用率高、响应时间快和抗干扰能力强的优点，可用于静态和动态测量，并可以复用大容量的光纤光栅。

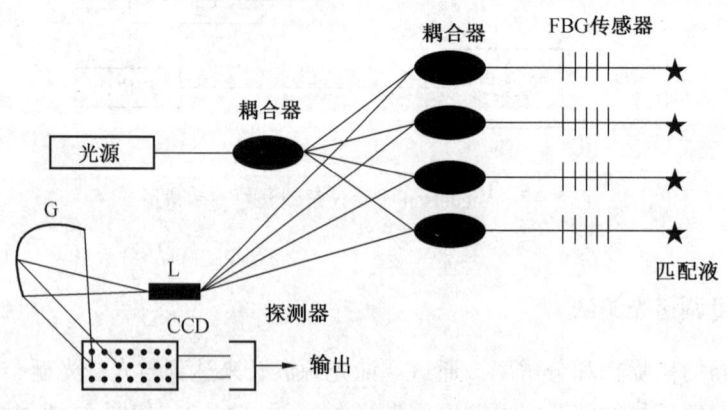

图 5-9 光栅色散法结构示意图

八、匹配光栅法

匹配光栅法如图 5-10 所示，是用一个与传感光纤光栅相匹配的接收光栅，跟踪传感光栅的波长变化，进行匹配滤波，由两个光栅相匹配时，接收光栅的波长去推测传感光栅的波长。每个接收通过各自的伺服系统与对应的传感锁定在一起，构成传感接收对。接收的波长仍然由压电陶瓷的驱动电压控制，并且给每一个的驱动电压引入一个不同频率的交流调制信号，这样光电探测器的输出就是一个包含不同频率分量的交流信号。当某一个传感光栅的波长由于外界物理量的变化而发生改变时，则包含该频率成分的交流信号的幅值就会下降，伺服系统就会改变相应的驱动电压，使之重新达到匹配。在一根光纤中复用的最大传感器数目取决于被测物理量的最大范围和光源光谱带宽。如果预先测定每个探测光栅的布拉格波长与电压的关系就可以确定相应传感光栅布拉格波长的漂移，从而能够算出加在传感光栅上的应力或温度的变化量。根据检测方式不同，匹配光栅法分为反射式和透射式两种。

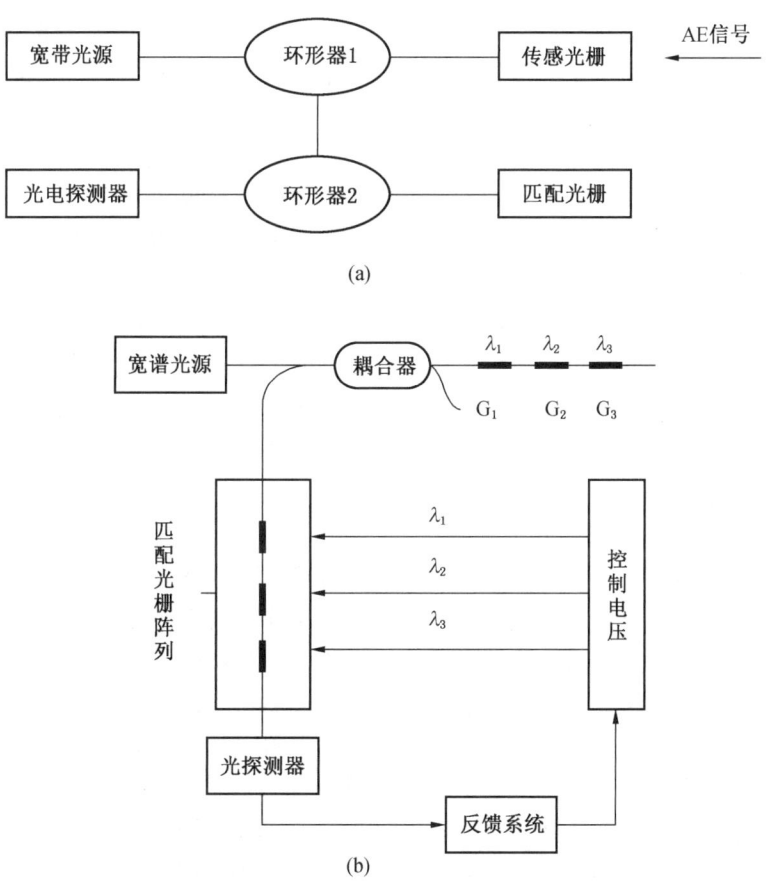

图 5-10 匹配光栅法反射式结构示意图

第六章 光纤传感技术地质防灾减灾应用

第一节 地震监测光纤传感技术

地震是一种危害性极大的自然灾害，其突出特点是突发性强，据统计，地震灾害中导致的人员伤亡和经济财产的损失居所有自然灾害的首位，所以对地震监测变得尤为重要。地震监测工作始于1966年，邢台地震后我国开始对地震的监测主要有用于监测地震微观前兆信息的监测仪器，如水位仪、地震仪、电磁波测量仪等。地震监测至今的五十多年里，监测仪器从最初的简单、大型、精确度低逐渐发展到现在科学化、规范化、现代化，出现了一系列精密仪器，测量数据相比之前稳定性、可靠度、精确度都有了很大提高，同时仪器的体积也变得更为便携。但监测仪器是地震监测中的重要环节，数据的稳定直接影响对地震的监测结果，对监测仪器的改进仍是研究的重要方向。

光纤是一种可作为光传导的工具，光纤传感器的使用是仪器发展史上的一个大迈进。光纤传感器具有灵敏度高、抗电磁干扰、绝缘性好、耐腐蚀、便于组网及长距离传输等优点，因此非常适合应用于一些传统传感器使用受限的区域，例如边远山区环境、井下潮湿环境、高温环境等。将光纤传感技术运用于地震方向，可以降低地震监测仪器受环境影响的程度，也可以实现大规模的组网技术等，是一种非常有效的手段，在地震行业具有极大的优势和极好的应用前景。

一、地震探测

地震计作为地震监测系统的最前端，其性能直接关系到整个地震台网的可靠性，有着重要的作用。振动传感器作为检测地震信号的关键器件，其传感特性直接影响到数据采集的质量，影响整个监测结果的精确性。目前地震监测主要采用在常规地球物理勘探中使用的传感器，主要有压电陶瓷式和电磁感应式两类。但这些传感器抗电磁干扰差、动态范围小、灵敏度低和不适合长期远距离监测等弊端已成为制约高分辨率地震勘探数据采集的瓶颈。近年来随着光纤传感技术的迅速发展，光纤振动传感器尤其是光纤布拉格光栅（Fiber Bragg Grating，以下简称FBG）振动加速度传感器受到更为广泛的关注。FBG振动加速度传感器具有更高的灵敏度、更好的频率响应特性、耐高温高压、体积小、抗电磁干扰、可实现多通道分布式检测等优点，非常适用于地震监测。

根据不同的机械原理，振动传感器分为相对型和惯性型。惯性传感器（绝对传感器）直接固定在被测物体上，与相对传感器相比，它不需要一个相对不动点，直接使用日常生活中的惯性系统坐标作为测量结果的参考坐标。FBG 加速度传感器属于惯性式传感器的一种，FBG 加速度传感器简化力学模型如图 6-1 所示，可以把复杂的 FBG 加速度传感器系统简单表示为一个单自由度弹簧-质量系统，传感器的底座部分与被测物体紧紧固定在一起，可以确保对振动信号进行测量，图 6-1 中 k 表示弹簧的劲度系数，c 表示阻尼系数。

设 x 表示质量块对于传感器底座的位移，y 表示被测振动物体对于传统惯性参考系的位移，z 表示质量块相对于惯性参考系的位移，可知：

$$z = x + y \quad (6-1)$$

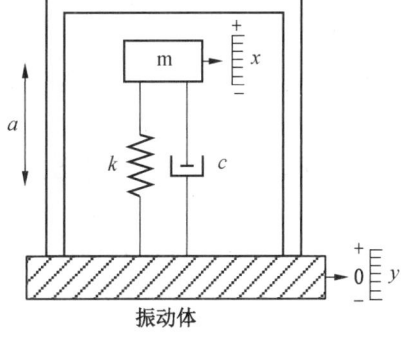

图 6-1 力学模型

研究质量块的状态，由牛顿第二定律可知：

$$-(kx + cx') = ma = mz'' = m(x'' + y'') \quad (6-2)$$

式 (6-2) 可以简化为

$$x'' + \frac{c}{m}x' + \frac{k}{m}x = -y'' \quad (6-3)$$

令 $\omega_0^2 = \frac{k}{m}$，$2\omega_0\xi = \frac{c}{m}$，假设振动物体相对惯性参考系做的是简谐运动，则振动物体的位移为

$$y = Y\sin\omega t \quad (6-4)$$

振动物体的速度为

$$y' = Y\cos\omega t \quad (6-5)$$

振动物体的加速度为

$$y'' = -Y\sin\omega t \quad (6-6)$$

代入可得

$$x'' + 2\omega_0\xi x' + \omega_0^2 x = \omega^2 Y\sin\omega t \quad (6-7)$$

式 (6-7) 是个二阶非齐次微分方程的形式，通过相关数学知识可知这个方程的解由两部分组成，一部分为齐次通解，另一部分为非齐次特解，齐次通解我们并不关心，只需要关心微分方程的非其次特解即可，非齐次特解表示的是强迫振动。式 (6-7) 方程的非齐次特解表示为

$$x = X\sin(\omega t - \theta) \quad (6-8)$$

将式 (6-8) 代入式 (6-7) 可得

$$X = \frac{Y(\omega/\omega_0)^2}{\sqrt{[1-(\omega/\omega_0)^2]^2 + (2\xi\omega/\omega_0)^2}} \quad (6-9)$$

$$\theta = \arctan\frac{2\xi\omega/\omega_0}{1-(\omega/\omega_0)^2} \quad (6-10)$$

式中，ω_0 为传感器的固有角频率；ω 为待测角频率；ξ 为相对阻尼系数。

式 (6-9) 反映了 x 与 y 之间的关系，式 (6-10) 反映了 x 与 y 之间的相位差。当

振动物体的待测角频率远小于传感器的固有角频率时可得

$$x = \frac{1}{\omega_0^2}\omega^2 Y\sin(\omega t) = -\frac{1}{\omega_0^2}y'' \tag{6-11}$$

由此可以得知：质量块与传感器底座的相对位移随着被测物体的加速度的变化而变化，两者之间是成正比的关系，这时系统整体可以当作加速度传感器使用。根据以上分析，系统可以用作加速度传感器使用的条件是：振动物体的频率远远小于传感器的固有频率。对式（6-11）中的参量 t 进行傅里叶变换得

$$(i\omega)^2 X(\omega) + 2i\omega\omega_0 X(\omega) + \omega_0^2 X(\omega) = \omega^2 YY(\omega) \tag{6-12}$$

从式（6-12）可得到加速度传感器的传递函数，即

$$H(i\omega) = \frac{X(\omega)}{Y(\omega)} = \frac{Y\omega^2}{\omega_0^2 - \omega^2 + 2i\omega\omega_0\xi} = \frac{Y(\omega/\omega_0)^2}{1 - (\omega/\omega_0)^2 + 2i\xi\omega/\omega_0} \tag{6-13}$$

加速度传感器的幅值比与频率的关系就是加速度传感器的幅频特性，由式（6-13）可知传感器的幅频特性为

$$|H(i\omega)| = \frac{Y(\omega/\omega_0)^2}{\sqrt{[1-(\omega/\omega_0)^2]^2 + (2\xi\omega/\omega_0)^2}} \tag{6-14}$$

加速度传感器的相位差与频率变化关系就是加速度传感器的相频特性，由式（6-13）可知传感器的相频特性为

$$\phi = \arctan\frac{2\xi\omega/\omega_0}{1 - (\omega/\omega_0)^2} \tag{6-15}$$

根据式（6-14）和式（6-15）可以看出，振动物体的角频率、传感器的固有角频率和相对阻尼系数这3个参数既影响加速度传感器的幅频特性，同时也影响加速度传感器的相频特性。系统的工作环境决定了工作系统的相对阻尼系数。通常，当系统相对阻尼系数为0.7时加速度传感器的频率响应范围最宽，相频特性曲线近似认为是一条直线，输出信号可以很好地响应输入信号。

FBG加速度传感器是将上面的经典振动传感器的基础与FBG传感技术结合而成的。当感受到振动信号后，FBG加速度传感器中与质量固定在一起的弹性元件发生形变，导致FBG发生伸长或者缩短，使得FBG产生轴向应变，进一步可以转化为FBG中心波长变化，可以得到FBG中心波长和加速度之间的关系。

在设计FBG加速度传感器结构时，需要使用机械弹性元件装置，要想使用光纤光栅进行加速度测量必须使用机械弹性元件装置，外界振动加速度信号通过弹性元件可以转变为光纤布拉格光栅的应变。因此，找到与光纤布拉格光栅合适的机械装置是合理设计光纤光栅加速度传感器的前提。

从前面的FBG加速度传感器力学模型中可以看出，传感器中的质量块会随着振动产生惯性力，这个惯性力的方向是与外界加速度方向相反的，这个惯性力使得光纤布拉格光栅伸长或者缩短，意味着光纤布拉格光栅受到了轴向应变。光纤布拉格光栅的轴向应变与惯性力的关系可表示为

$$ma = EA\varepsilon = EA\frac{\Delta L}{L} \tag{6-16}$$

式中，E 表示光纤的杨氏模量；A 表示光纤的横截面积。

光栅布拉格光栅中心波长的变化与应变的关系为

$$\Delta\lambda_B = (1 - P_e)\varepsilon\lambda_B \qquad (6-17)$$

将式（6-16）代入式（6-17）可得到

$$\Delta\lambda_B = (1 - P_e)\frac{ma}{EA}\lambda_B \qquad (6-18)$$

输出的光纤布拉格光栅中心波长的变化量除以输入加速度的值定义为 FBG 加速度传感器的灵敏度，即

$$S = \frac{\Delta\lambda_B}{a} = (1 - P_e)\frac{m\lambda_B}{EA} \qquad (6-19)$$

由式（6-16）可知光纤布拉格光栅的劲度系数为

$$k = \frac{ma}{\Delta L} = \frac{EA}{L} \qquad (6-20)$$

由上述可知加速度传感器的固有频率为

$$f = \frac{1}{2\pi}\sqrt{\frac{k}{m}} = \frac{1}{2\pi}\sqrt{\frac{EA}{mL}} \qquad (6-21)$$

通过观察加速度传感器的固有频率和灵敏度的数学表达式可以知道，这两个性能指标之间是相反的关系，固有频率增大时灵敏度必然减小，固有频率减小时灵敏度必然增大。固有频率和灵敏度是考察设计的加速度传感器是否合理可靠的两个性能指标，决定了加速度传感器的实际应用范围，所以在设计加速度传感器时，要合理地选择固有频率和灵敏度这两个性能参数，从而使加速度传感器的指标满足要求。

地震低频振动信号的测量采用对称 L 梁结构的 FBG 加速度传感器，采用这一结构设计的主要考虑如下：

（1）典型弹性膜片结构加速度传感器如图 6-2 所示，质量块固定在弹性膜片上，FBG 粘贴在圆弧上，圆弧以膜片中心为圆心。对地震低频振动信号的测量，应该尽可能降低传感器的固有频率，弹性膜片结构适合低频的测量，同时弹性膜片还可以提高传感器的横向抗干扰能力。

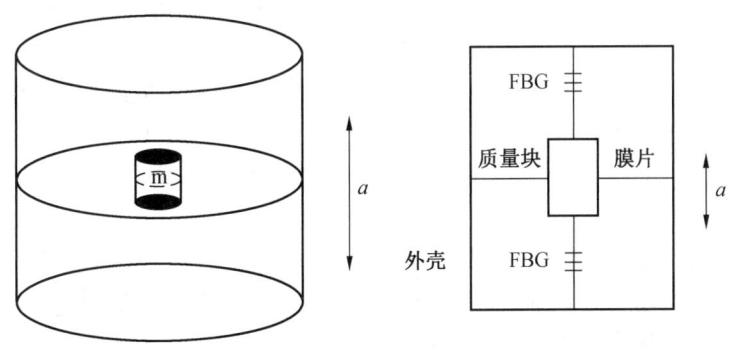

图 6-2 膜片结构加速度传感器

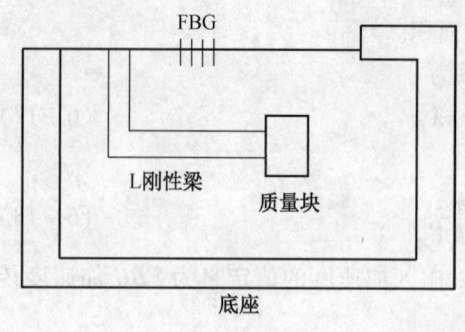

图6-3 L梁结构加速度传感器

(2) L刚性梁的FBG加速度传感器结构如图6-3所示。在弹性膜片的基础上增加对称L梁，L梁可以看作L杠杆，可以很好地放大微弱的振动信号，同时对称L梁可以提高传感器的灵敏度，提高应变传递时传感器的响应度。粘贴FBG时要采用两点封装法同时给FBG施加预应力，这样做可以使FBG感受到的应变是均匀的。对称L梁、弹性膜片和质量块组成传感器的弹性系统。

对称L梁结构的FBG加速度传感器结构如图6-4和图6-5所示。

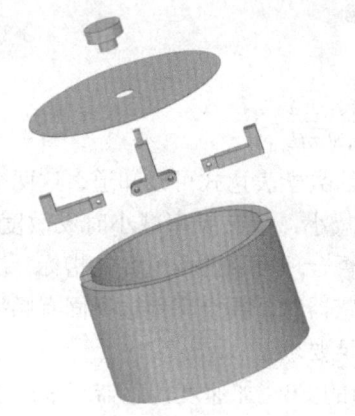

图6-4 对称L梁结构的FBG加速度传感器结构爆炸图

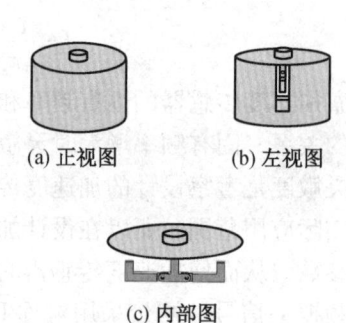

图6-5 对称L梁结构的FBG加速度传感器结构示意图

这个设计选用了L梁和弹性膜片两个弹性元件，L梁可以用来放大微弱的振动信号，弹性膜片可以有效减小加速度传感器的横向振动。FBG加速度传感器由外壳体、弹性膜片、质量块、T形连接杆、光纤布拉格光栅和两个L梁构成，弹性膜片水平安装在壳体上，质量块嵌设在弹性膜片的中心通孔上，T形连接杆上端与质量块底部相连接，两个L梁分别铰链连接于T形连接杆两侧并且可以自由上下转动，光纤布拉格光栅固定在两个L梁自由端的凹槽内，固定光纤布拉格光栅时使用的是两点粘贴法，可以有效地避免啁啾现象。

将FBG加速度传感器固定好，当外界环境的振动加速度信号到来时，质量块受到惯性力的作用会上下振动，导致弹性膜片产生形变，使T形连接杆带动双L梁发生变化，L梁上的光纤布拉格光栅产生伸长或者缩短的轴向应变，光纤布拉格光栅的输出中心波长发生变化，所以输入的外界加速度量通过加速度传感器转化为了输出的中心波长变化量，再通过解调设备解调出输出中心波长的变化，这样就可以计算得出外界的待测加速度。

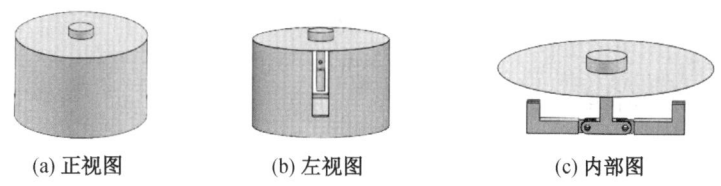

(a) 正视图　　　　　　(b) 左视图　　　　　　(c) 内部图

图 6-6　对称 L 梁结构的 FBG 加速度传感器结构示意图

对称 L 梁结构的 FBG 加速度传感器用于地震探测，结构如图 6-6 所示。选用 L 梁和弹性膜片两个弹性元件，L 梁可以用来放大微弱的振动信号，弹性膜片可以有效减小加速度传感器的横向振动。FBG 加速度传感器由外壳体、弹性膜片、质量块、连接杆、光纤光栅和两个 L 梁构成，弹性膜片水平安装在壳体上，质量块嵌设在弹性膜片的中心通孔上，连接杆上端与质量块底部相连接，两个 L 梁分别连接于连接杆两侧并且可以自由上下转动，光纤布拉格光栅固定在两个 L 梁自由端的凹槽内，固定光纤布拉格光栅时使用的是两点粘贴法。对称 L 梁、弹性膜片和质量块组成传感器的弹性系统。

将 FBG 加速度传感器固定好，当外界竖直方向的加速度信号到来时，质量块受到惯性力的作用导致弹性膜片产生形变，使连接杆带动双 L 梁发生变化，L 梁上的光纤布拉格光栅产生伸长或者缩短的轴向应变，光纤布拉格光栅的输出中心波长发生变化，所以输入的外界加速度量通过加速度传感器转化为了输出的中心波长变化量。

固有频率（谐振频率）是加速度传感器的固有属性，固有频率与材料、刚度等有关，当加速度传感器的固有频率等于外界的激励频率时加速度传感器会产生共振。当共振情况发生时，加速度传感器的波长变化处于非正常状态，此时很有可能造成加速度传感器损坏无法正常工作，同时 FBG 加速度传感器的固有频率决定了传感器的工作频带范围，固有频率越高 FBG 加速度传感器的频带越宽。在理论推导加速度传感器的固有频率时，将 T 形连接杆、外壳体和 L 梁看作刚体。光纤的抗拉刚度为

$$k_f = \frac{E_f A_f}{L} \tag{6-22}$$

式中，E_f 为光纤的杨氏模量；L 为光纤粘贴两点的距离。

弹性膜片的弯曲刚度可表示为

$$D = \frac{Eh^3}{12(1-\mu^2)} \tag{6-23}$$

式中，E 为弹性膜片的杨氏模量；h 为弹性膜片的厚度；μ 为泊松比。

定义无量纲系数为

$$A = 1 - \left(\frac{r}{R}\right)^2 - \frac{4\ln^2\left(\frac{R}{r}\right)}{\left(\frac{R}{r}\right)^2 - 1} \tag{6-24}$$

式中，r 为质量块与弹性膜片的接触半径；R 为弹性膜片的半径。

根据力学理论可知，力 F 作用在弹性膜片中心垂直方向，引起的弹性膜片的中心偏移可表示为

$$\rho_F = \frac{AR^2}{16\pi D} F \qquad (6-25)$$

弹性膜片的等效弹性系数为

$$k_d = \frac{16\pi D}{AR^2} \qquad (6-26)$$

对左 L 梁进行受力分析，如图 6-7 所示，变形如图 6-8 所示。设惯性垂直的力 F 对质量块产生向上的位移，位移为 Δl_1，所以可以得知整个系统的总刚度为 $k = \frac{F}{\Delta l_1}$。此时力 F 分为两部分，其中力 F_1 通过连接杆作用于弹性膜片中心的垂直方向，产生偏移，偏移为 Δl_1，所以可知关系为 $F_1 = k_d \Delta l_1$，力 F_2 通过左 L 梁结构作用在光纤布拉格光栅上，这部分力使光纤布拉格光栅产生向左的变化量 Δl_2，因此有 $F_T = k_f \Delta l_2$。设 L 梁长臂为 L_1，短臂为 L_2，根据杠杆原理可知：$F_T = F_2 \frac{L_1}{L_2}$，$\Delta l_2 = \Delta l_1 \frac{L_2}{L_1}$，由此可知 L 梁能够放大低频振动信号。同理可得右边的 L 梁也是如此。由此可知 $F = F_1 + 2F_2$，可得方程：

$$(k\Delta l_1 - k_d \Delta l_1) \frac{L_1}{L_2} = 2 k_f \Delta l_1 \frac{L_2}{L_1} \qquad (6-27)$$

化简可得系统总刚度 k 与 k_d 和 k_f 的关系为

$$k = k_d + 2k_f \left(\frac{L_2}{L_1}\right)^2 = \frac{16\pi D L L_1^2 + 2E_f A_f L_2^2 A R^2}{A R^2 L L_1^2} \qquad (6-28)$$

因此可以得到加速度传感器固有频率为

$$f_0 = \frac{1}{2\pi} \sqrt{\frac{k}{m}} = \frac{1}{2\pi} \sqrt{\frac{k_d + 2k_f \left(\frac{L_2}{L_1}\right)^2}{m}} \qquad (6-29)$$

加速度传感器的灵敏度是除了固有频率之外衡量传感器性能的另一个指标，灵敏度越高表明加速度传感器对微弱信号的拾取能力越强，所以灵敏度也是设计加速度传感器时的重要考虑。

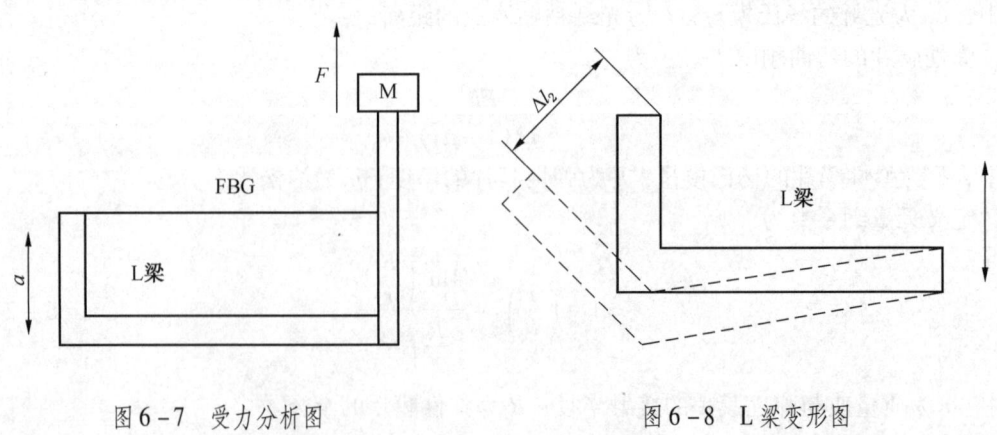

图 6-7 受力分析图 　　　　　图 6-8 L 梁变形图

待测外界加速度 a 引起的弹性膜片的中心偏移为

$$\rho = \frac{m_a}{k} \quad (6-30)$$

式中，m 为质量块的质量。

由前面理论推导过程可知，FBG 加速度传感器中的布拉格光栅的轴向应变量 ε 与弹性膜片的中心偏移量 ρ 的关系为

$$\varepsilon = 2\frac{L_2/L_1}{L}\rho = 2\frac{L_2/L_1}{L}\frac{ma}{k} \quad (6-31)$$

光纤布拉格光栅的布拉格波长变化量可表示为

$$\frac{\Delta\lambda}{\lambda} = (1-P_e)\varepsilon \quad (6-32)$$

根据式（6-32）和加速度传感器灵敏度的定义可知加速度传感器灵敏度 s 可表示为

$$s = \frac{\Delta\lambda}{a} = \lambda(1-P_e)\frac{\varepsilon}{a} = \lambda_B(1-P_e)\frac{2L_2/L_1}{L}\frac{m}{k} \quad (6-33)$$

式中，P_e 为光纤的弹光系数。

将式（6-33）代入可得 FBG 加速度传感器灵敏度 s 为

$$s = 0.78\lambda \frac{2mAR^2 L_1 L_2}{16\pi DLL_1^2 + 2E_f A_f L_2^2 AR^2} \quad (6-34)$$

从 FBG 加速度传感器固有频率和灵敏度的数学表达式中可以看出这两个性能参数是相互矛盾的两个指标，一个增大另一个必然减小，所以在设计加速度传感器结构时，要综合考虑这两个性能指标之间的关系，使设计的加速度传感器性能尽可能最符合自身的要求，同时在设计时还要考虑实际的问题，比如实物加工的材料和工艺问题，还比如加工成本问题，在考虑这些的基础上，通过对不同材料和加速度传感器模型的各个参数的比较，对加速度传感器的结构参数进行了优化并且最终确定了加速度传感器的详细尺寸和材料等规格。

通过上面的 FBG 加速度传感器固有频率和灵敏度数学表达式可以看出，弹性膜片的厚度 h、质量块质量 m、弹性膜片的杨氏模量 E 和 L 梁短臂 L_1、L 梁长臂 L_2 的值这些传感器的结构参数对 FBG 加速度传感器的固有频率 f_0 和灵敏度 s 这两个参数都有影响，针对地震低频信号测量的加速度传感器，需要尽可能地增大灵敏度 s，同时固有频率 f_0 要合适才可以保证在良好的频率响应下获得高灵敏度。根据制作工艺、性能需求、传感器尺寸等要求，需要具体分析考虑不同的传感器结构尺寸参数对固有频率和灵敏度的影响，从而确定 FBG 加速度传感器尺寸参数的最优方案。

首先，实际应用中加速度传感器的尺寸要尽可能小，取 $L_1 = 7$ mm，改变 L_2 的值来观察对加速度传感器固有频率和灵敏度的影响。图 6-9 所示是固有频率 f_0 和灵敏度 s 随 L_2 变化的曲线。从图 6-9 中可以看出，随着 L_2 的增大，固有频率 f_0 减小，灵敏度 s 增大，当 L_2 大于 10 mm 时，变化趋于稳定。在加速度传感器中，固有频率和灵敏度是成反比的关系，对地震低频信号测量的加速度传感器需要具有较小的固有频率和较高的灵敏度，取 $L_2 = 20$ mm。

由于弹性膜片材料已经确定，所以分析不同弹性膜片厚度 h 对 FBG 加速度传感器固

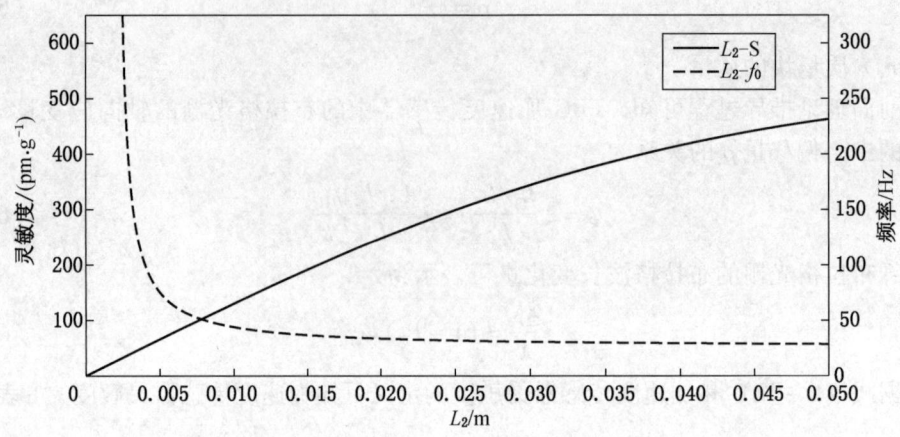

图 6-9　f_0 与 s 随 L_2 变化的关系曲线

有频率和灵敏度的影响，如图 6-10 所示。随着弹性膜片厚度的逐渐增大，传感器的固有频率呈线性增加，但是灵敏度却迅速降低，FBG 加速度传感器应用范围考虑，选择要尽量让弹性膜片薄一点，还要考虑弹性膜片的实际加工情况，取弹性膜片 h 厚度为 0.1 mm。

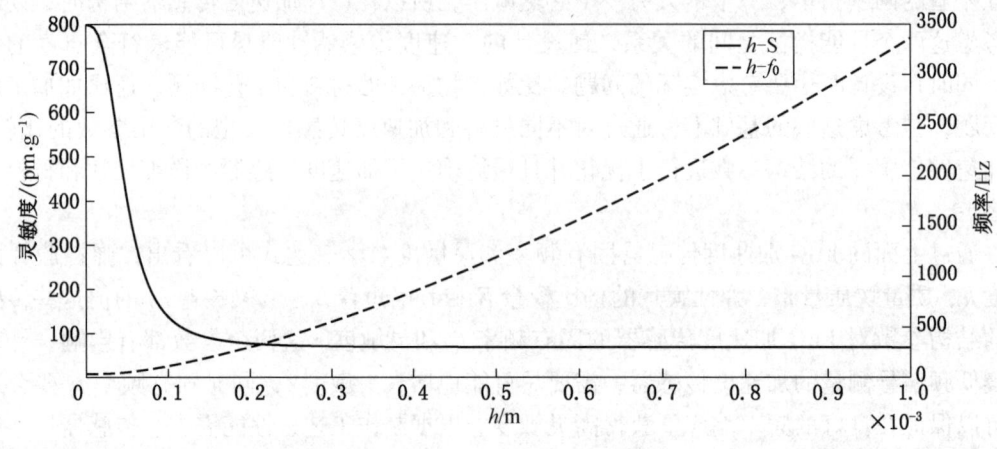

图 6-10　f_0 与 s 随 h 的关系曲线

前面讨论了长臂 L_2 和弹性膜片厚度 h 对加速度传感器固有频率和灵敏度的影响后，现在还需要讨论一个物理量对固有频率和灵敏度的影响，那就是质量块质量 m。如图 6-11 所示，随着质量块质量的逐渐增大，灵敏度逐渐增大，传感器固有频率快速下降，所以质量块质量越大越好，考虑实际情况，应该选用密度较大的金属，这样可以保证质量块体积较小的同时质量足够大，所以选用黄铜作为质量块材料，计算可得质量块质量 m 约为 10 g。

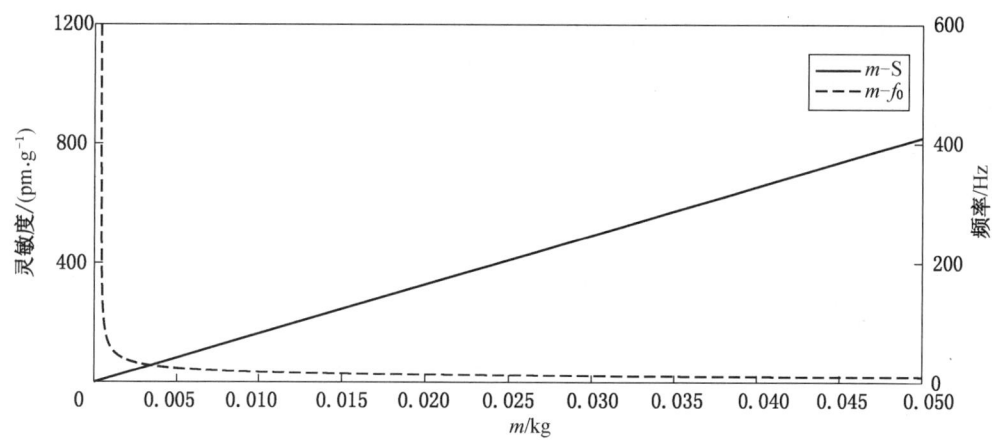

图 6-11 f_0 与 s 随 m 变化的关系曲线

上述综合分析了 3 个加速度结构参数对固有频率和灵敏度的影响。对称 L 梁结构的 FBG 加速度传感器结构参数见表 6-1。

表 6-1 模 型 参 数

参数	名 称	数 值
L_1	长臂长/mm	20
L_2	短臂长/mm	7
R	弹性膜片半径/mm	38.5
r	质量块与弹性膜片接触半径/mm	8
λ	FBG 中心波长/nm	1543
h	膜片厚度/mm	0.1
E_f	光纤杨氏模量/GPa	73
A_f	光纤横截面积/10^{-8} m^2	1.227
E	304 不锈钢弹性模量/GPa	190
m	质量块质量/g	10
μ	光纤弹光系数	0.28

有限元仿真分析是辅助的重要手段，是一种计算分析方法，可以将复杂的问题分为多个简单问题去求解，有限元仿真分析应用十分广泛。分析优化确定了对称 L 梁结构的 FBG 加速度传感器的具体尺寸参数，根据确定好的结构尺寸使用 SolidWorks 软件进行三维建模，之后使用 ANSYS Workbench 软件把建好的 SolidWorks 三维模型导入进行有限元仿

真分析。

根据之前优化的加速度传感器结构参数，按照表6-1中每个部分的结构参数对应设置好Workbench中加速度传感器每个零件的材料属性，然后对模型进行网格划分，在弹性膜片的外圆环上施加固定约束。

加速度传感器进行有限元模态分析时，只需要看前四阶的模态即可，四阶以后的更高阶的模态很难达到，所以不需要分析。一阶模态的振型如图6-12所示，一阶振型表示是沿膜片径向方向的扭动，它的一阶谐振频率约为26.28 Hz，仿真和理论得到了相互验证，加速度传感器的一、二、三阶模态的谐振频率分别是26.28 Hz、34.12 Hz和35.75 Hz，二阶的振型是沿膜片轴向方向的上下振动，如图6-13所示；三阶的振型是沿膜片轴向方向上的波动，如图6-14所示；四阶的振型是沿膜片轴向方向的摆动，如图6-15所示。通过比较各阶模态可知，加速度传感器的一阶模态频率与二、三、四阶模态频率相差较大，由此可以说明该加速度传感器系统具有较强的横向抗干扰能力。

图6-12　一阶模态

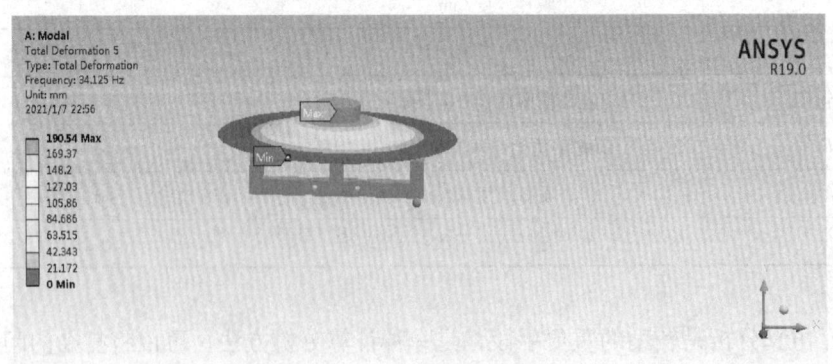

图6-13　二阶模态

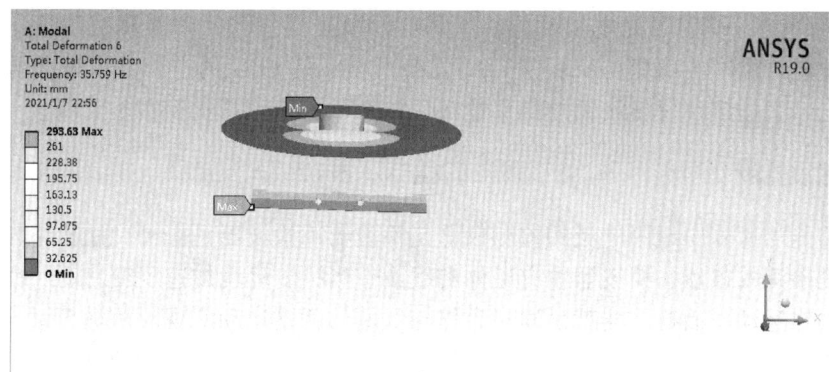

图 6-14 三阶模态

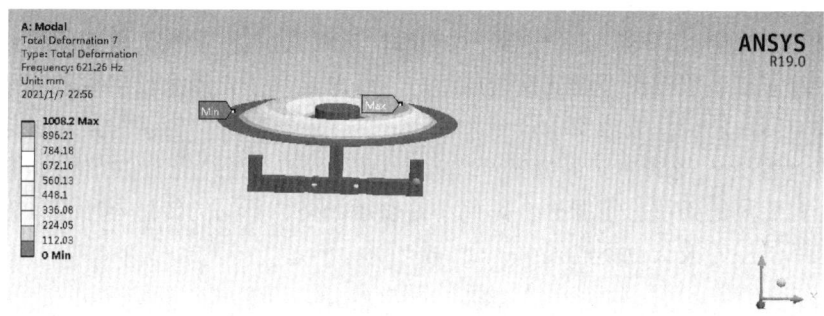

图 6-15 四阶模态

对称 L 梁结构的 FBG 加速度传感系统如图 6-16 所示，系统由高速动态光纤光栅解

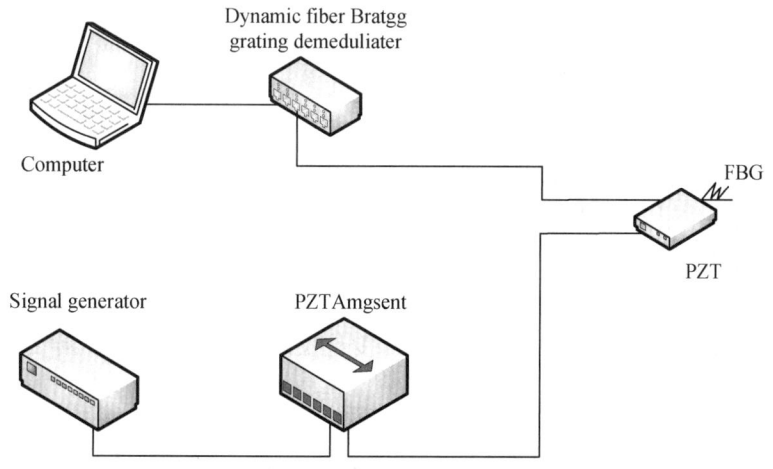

图 6-16 对称 L 梁结构的 FBG 加速度传感系统

调仪、压电陶瓷（PZT）、光电探测模块（PD）、示波器、FBG 和计算机组成。压电陶瓷产生振动使悬臂梁产生形变，从而使 FBG 发生形变，使 FBG 的中心波长发生漂移，通过高速动态光纤光栅解调仪将波长的漂移量解调出来输出到计算机上实时监测。

二、地震监测

地震监测加速度中运用广泛的检测仪器是检波器。检波器是一种利用机电转换的原理进行加速度检测的仪器，检波器内有磁体和线圈，当检测环境加速度变化时，引起磁体和线圈发生相对运动。而检波器就是通过磁体与线圈的相互运动实现对机械振动与电信号的转化，完成对环境加速度的检测。虽然检波器的检测方式在技术及加速度的检测上较其他的检测方式有着显著的优势，但随着振动加速度检测对检测结果的准确性和有效性的要求不断提高，电磁结构本身也存在灵敏度不高、抗电磁干扰能力弱等缺陷，无法满足科研工作对数据精度的要求，同时还存在漏电、占用较大空间和较高的基建费等问题，严重制约了检波器在加速度检测领域的发展。

光纤布拉格光栅（FBG）是发现最早的光纤光栅，也是应用最为普遍的光纤光栅。光纤光栅是由纤芯、包层以及外面的涂覆层组成，纤芯是基于光的全反射原理完成光纤光栅传感的主要空间，芯径一般为 50 μm 或 62.5 μm，包层有多种结构，它是通过相位掩膜技术将布拉格光栅刻入光纤中，形成光纤内有栅区的 FBG。光纤光栅的结构如图 6-17 所示，图中黑白相隔的条纹表示栅区，黑色小格表示栅格，不同的传感器所需的栅格间距不同，其静态下的中心波长也不同。

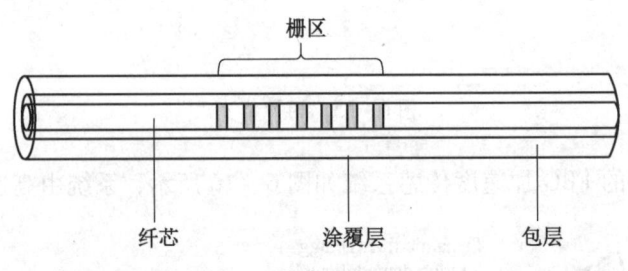

图 6-17 光纤光栅传感器结构

光纤光栅传感器的工作原理是用解调仪与传感器进行连接，当传感器外部所测应变、温度等物理量发生变化时，引起传感器内部光纤光栅的发射波长发生变化，而解调仪可以解调出波长的变化，实现对变化的物理量的测量。解调的过程是通过建立、标定光纤布拉格光栅中心波长随被测物理量变化的关系，然后根据标定的结果用中心波长变化的结果对应找到被测物理量的变化。从而通过光纤光栅变化反映被测物理量的实际变化。光纤光栅中心波长的解调环节是测量物理量的中心环节，解调的精度和速度也是影响整个传感器检测性能的重要环节。

光纤布拉格光栅对应变和温度的变化感知灵敏，沿光纤光栅轴向产生的应变 ε 和温度变化 T 引起的光纤光栅中心波长的漂移量分别为

$$\frac{\Delta \lambda_{B1}}{\lambda_{B0}} = (1 - P_e)\varepsilon \quad (6-35)$$

$$\frac{\Delta \lambda_{B2}}{\lambda_{B0}} = (\alpha + \beta)T \quad (6-36)$$

式中，P_e 为光纤的有效弹光系数，通常取值 0.22；α 为光纤的热膨胀系数；β 为光纤布拉格光栅的热光系数。

一般情况下，当 FBG 波长为 1550 nm 时，位于剥去涂覆层的裸纤区的 FBG，其应变灵敏度为 1.15 ~ 1.2 pm/με，温度灵敏度则为 10 ~ 13 pm/℃。将悬臂梁上、下两根光纤分别称为 FBG1、FBG2，两根光纤的温度特性相同，各项系数均相同。若两根光纤的中心波长保持一致，将加速度传感器置于被测环境中，环境温度变化量相同，振动引起的位移的变化量相同，则 FBG1、FBG2 的漂移量分别为

$$\Delta \lambda_{FBG1} = \Delta \lambda_{B1} + \Delta \lambda_{B2} \quad (6-37)$$

$$\Delta \lambda_{FBG2} = -\Delta \lambda_{B1} + \Delta \lambda_{B2} \quad (6-38)$$

式（6-37）和式（6-38）做差分运算，可以减弱环境温度变化对传感器测量结果的影响，得到中心波长与应变这个变化量的关系，实现在温度变化的情况下对温度的补偿。通过解调光纤光栅反射光，即可得到反射光中心波长的变化量，通过对变化量结果的处理、分析，即可得到被测振动的加速度信息。

光纤布拉格光栅加速度传感器同样是基于对机械结构中弹性模型的研究。在理想情况下，每一个加速度传感器的传感探头都可以看作是一个标准的质量惯性体系。一个标准的质量惯性体系是由惯性质量块 m、弹簧 k、阻尼器 c 组成的二阶单自由度的受迫振动系统。

如果把质量-弹簧系统看作质量惯性体系中一个整体运动的子系统，当这个子系统感受到外界振动加速度时，由于弹性体的存在，质量块与运动系统间存在相对位移，即为弹性体的形变。设使其产生弹性形变的外力为 $f(t)$，质量块的位移为 $x(t)$，由牛顿第二定律有：

$$m\frac{d^2 x}{dt^2} + c\frac{dx}{dt} + kx = f(t) = ma \quad (6-39)$$

当待测振动信号处于传感器有效工作频率范围内，加速度幅值与振动信号角频率 ω 的关系为

$$a = \ddot{x}_g = A e^{i\omega t} \quad (6-40)$$

$$x = X e^{i\omega t} \quad (6-41)$$

式中，A 为加速度幅值；X 为传感器结构的稳态响应振幅。

综合式（6-40）和式（6-41）可得 X 与 A 的关系为

$$X = Q \frac{1}{\omega_0^2} A \quad (6-42)$$

令 ωn 表示传感器系统的固有频率，ξ 表示传感系统的阻尼比，Q 表示系统的动力放大系数，也即加速度传感的幅频响应函数：

$$\omega_0 = \sqrt{\frac{k}{m}} \quad (6-43)$$

$$\xi = \frac{1}{2}\sqrt{\frac{c}{m}} \tag{6-44}$$

$$Q = \frac{1}{\sqrt{\left(1-\left(\frac{\omega}{\omega_0}\right)^2\right)^2 + \left(2\xi\frac{\omega}{\omega_0}\right)^2}} \tag{6-45}$$

可以发现，Q 值与被测振动信号的频率相关。当振动信号的频率远小于固有频率时，即频率比 $\frac{\omega}{\omega_0}$ 越小，此时被测振动信号处于低频段，且 Q 值接近于 1，表明测量结果失真度小，传感器的输出特性平坦，根据公式：

$$X = \frac{1}{\omega_0^2}A = \frac{m}{k}A \tag{6-46}$$

即可得到待测振动信号的加速度大小。

地震监测采用双光纤 – 悬臂梁结构的光纤光栅加速度传感器（DFBG 加速度传感器），它的主要弹性模块 – 质量块、悬臂梁、光纤 3 个模块，对传感器结构的灵敏度、固有频率进行理论分析。对弹性模块作受力分析，如图 6 – 18 所示，外界振动信号使传感器产生向上的加速度 a，力的大小为 F。自由端质量块受力为 F_1，产生的位移为 Δx_1；悬臂梁的左臂长度为 L_2，右臂长度为 L_1，悬臂梁对光纤的拉力为 T，拉伸量为 Δx_2。

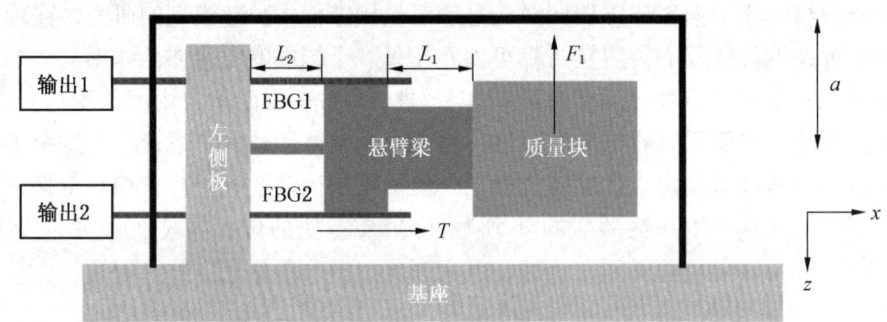

图 6 – 18 受力分析图

设系统的总刚度为 k，光纤的弹性系数为 k_1。光纤的杨氏模量为 E_f，横截面积为 A_f，则 $k_1 = \frac{E_f A_f}{L_2}$。对传感器系统有

$$k = \frac{F}{\Delta x_1}, \quad k_1 = \frac{T}{\Delta x_2} \tag{6-47}$$

由杠杆原理可得

$$T = \frac{F_1 L_1}{L_2}, \quad \Delta x_2 = \frac{\Delta x_1 L_2}{L_1} \tag{6-48}$$

理想情况下，$F = F_1 = F_2$。考虑传感器采用双光纤结构，系统的总刚度为

$$k = 2k_1\left(\frac{L_2}{L_1}\right)^2 = \frac{2E_f A_f L_2}{L_1^2} \tag{6-49}$$

光纤光栅的应变量 ε 与加速度 a 可表示为

$$\varepsilon = \Delta x_1 \frac{L_2}{L_1} = \frac{maL_2}{kL_1} \qquad (6-50)$$

可以得到传感器的灵敏度 S 与固有频率 f_0 表达式：

$$S = \frac{\Delta \lambda}{a} = \frac{m\lambda_B L_1(1-P_e)}{2E_f A_f} \qquad (6-51)$$

$$f_0 = \frac{\omega_0}{2\pi} = \frac{1}{2\pi}\sqrt{\frac{k}{m}} = \frac{1}{2\pi L_1}\sqrt{\frac{2E_f A_f L_2}{m}} \qquad (6-52)$$

根据公式可知，当外界振动作用于 DFBG 加速度传感器时，传感器整体随待测振动信号同步运动，但传感器内部的光纤光栅一端固定，另一端连接自由端。所以当自由端质量块产生纵向加速度，导致与之相连的悬臂梁随质量块的纵向运动产生不同程度的弯曲，使固定其上的光纤光栅受力拉伸或收缩。光纤光栅反射光的中心波长受栅区长度的影响，当光纤布拉格光栅的长度发生变化，其反射光的中心波长随之发生变化，这个变化即是对变化的振动信号的响应。

通过对 DFBG 加速度传感器模型理论分析，悬臂梁的臂长和厚度是影响传感器灵敏度和固有频率的关键因素，考虑到传感器的振动测量信号为低频，同时考虑对传感器检测环境和尺寸的影响，在 ANSYS 有限元软件中对传感器的弹性模块进行建模和仿真实验，以获得悬臂梁臂长和厚度对光纤光栅振动传感器灵敏度和固有频率的影响规律。

DFBG 加速度传感器弹性模型的建立是运用 Soliworks 软件完成的。在 Solidworks 里建立 DFBG 传感器的弹性部分的三维模型，首先将各个零部件的模型单独进行建立，设计各部件的形状和尺寸，然后建立传感器装配体，各零部件的材料进行标定、零部件间的关系设置约束，约束关系的设置可以具体到各个零部件的点、线、面，通过将两两部件之间设置关系约束，可以达到固定各零部件的位置，完成模型的建立。完成的三维模型如图 6-19 所示。

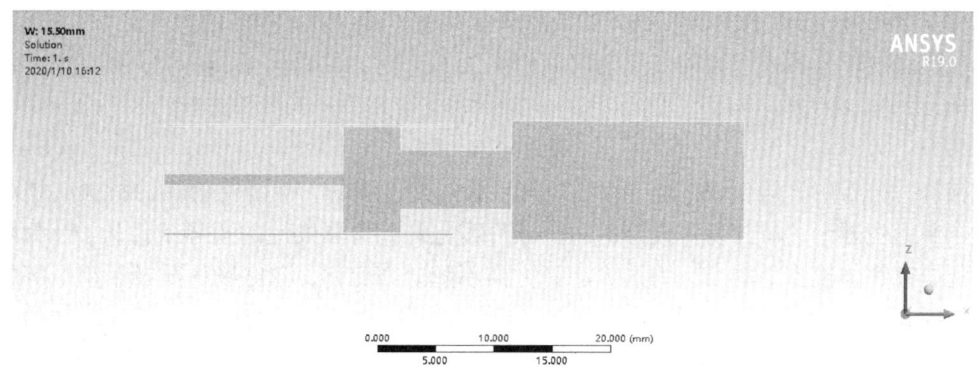

图 6-19 DFBG 传感器模型

将 Solidworks 建立的模型数据导入 ANSYS Workbench，其中 DFBG 加速度传感器实现传感功能的核心部分是弹性模块，有限元分析时将弹性模块部分单独导入即可。弹性模块的结构材料参数见表6-2。

表6-2 有限元模型结构材料参数

部件名称	材料名称	类别	弹性模量/Pa	泊松比	密度/(kg·m^{-3})
外壳	钢合金	Structural Steel	2.0×10^{11}	0.30	7850
悬臂梁	弹簧钢	65Mn	2.1×10^{11}	0.28	7800
质量块	黄铜合金	Brass	1.0×10^{11}	0.33	8500
光纤光栅	玻璃纤维	Fiber	7.3×10^{10}	0.17	2200

DFBG加速度传感器的质量块选择黄铜材料，黄铜的密度高于普通的钢结构，在相同体积下质量更大，在相同加速度的作用下对悬臂梁产生的拉力也更大。悬臂梁选用具有优良弹性性能的65Mn材料，这类材料的刚度较大，形变量小，不影响传感器稳定性，导致光纤光栅发生折断。DFBG加速度传感器外壳采用钢合金结构，合金结构在稳定性方面优势显著，不易被氧化，可以长期在潮湿的恶劣环境中保护传感器的内部结构不受损坏，保证传感器的使用寿命。

在进行算例分析前，要先对模型进行网格的设置和划分，这一步骤是有限元分析计算中的关键步骤，网格划分情况既影响有限元分析计算结果的精度和可靠性，也会对计算机的计算时间和存储空间产生影响。综合上述情况对传感器进行网格划分。

静力分析用来分析传感器的结构在给定施加的静力载荷作用下结构的位移、应变量等的响应，注重分析传感器结构中固定部位的位移、约束反力、应变等参数的变化。在力学理论中，研究物体的动力学公式为

$$[M]\{\ddot{x}\} + [C]\{\dot{x}\} + [K]\{x\} = \{F(t)\} \tag{6-53}$$

式中，$[M]$表示研究物体的质量矩阵；$[C]$表示研究物体的阻尼矩阵；$[K]$表示研究物体的刚度系数矩阵；$\{x\}$表示研究物体的位移矢量；$\{F\}$表示研究物体的力矢量。

在静态解耦分析中，力的变化与时间因素无关，因此位移矢量$\{x\}$可以由矩阵方程解出，即

$$[K]\{x\} = \{F\} \tag{6-54}$$

在静力分析中，假设$[K]$为一常量矩阵且必须是连续的，被研究物体的材料必须满足线性、小形变理论，研究物体模型的边界条件需允许包含非线性的边界条件，$\{F\}$为静态加载到研究物体模型上的力，力的大小、方向不随时间变化，忽略物体质量、阻尼等的惯性影响因素。

设置悬臂梁左臂臂长14.00 mm，厚度1.00 mm，对弹性模块的左端添加固定约束，使其保持不动，在质量块的下表面施加固定压力，大小为0.05 MPa。在固定压力的作用下，质量块产生向上的位移，间接引起光纤光栅的收缩和拉伸，静力分析的因素就是光纤光栅的伸缩量。静力分析计算求解结果如图6-20所示。在固定压力下，模型右侧自由端的形变量位移最大，即质量块的位移，随着向左推进，悬臂梁的形变量逐渐减小，并在光

纤左侧固定端的形变量达到最小。将静力分析结果生产数据报告，可以得到质量块端的位移最大达到1.67 mm，而悬臂梁左臂表面的形变量约为0.18 mm，光纤部分的形变量约为0.37 mm。分析结果表明：DFBG加速度传感器可以实现对自由端位移和应变的响应，但光纤光栅处形变量最小，不会影响光纤的物理性质，可以保证传感器的稳定性；比较悬臂梁处和光纤光栅的形变量，光纤光栅的形变量是悬臂梁表面形变量的2.0倍，通过比较表明采用悬空的方式固定光纤光栅可以实现对形变量的放大，达到对被测振动信号变化量的放大。

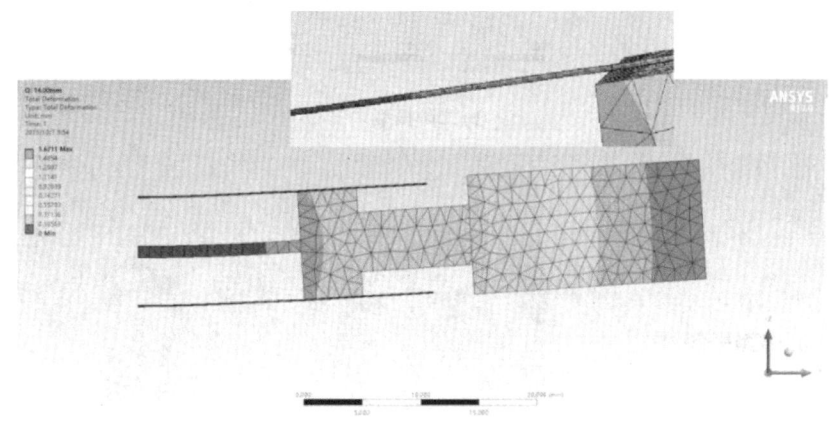

图6-20 有限元静力分析

模态是传感器结构本身的固有属性，模态值不受外界施加载荷的影响，无论载荷的大小都不会改变结构的模态值。但是，当改变传感器结构的尺寸、大小或者约束关系等条件后，传感器的模态值即固有频率都会发生变化。

将模型放入模态计算分析模块中，在两根光纤的左端面和悬臂梁的左端面同时施加固定约束，模型整体建立网格划分，设置计算阶数为4。以悬臂梁左臂长为17.00 mm 为例进行分析，得到一阶、二阶、三阶、四阶模态频率分别为103.26 Hz、769.96 Hz、1369.9 Hz和1837.7 Hz，振型如图6-21所示。

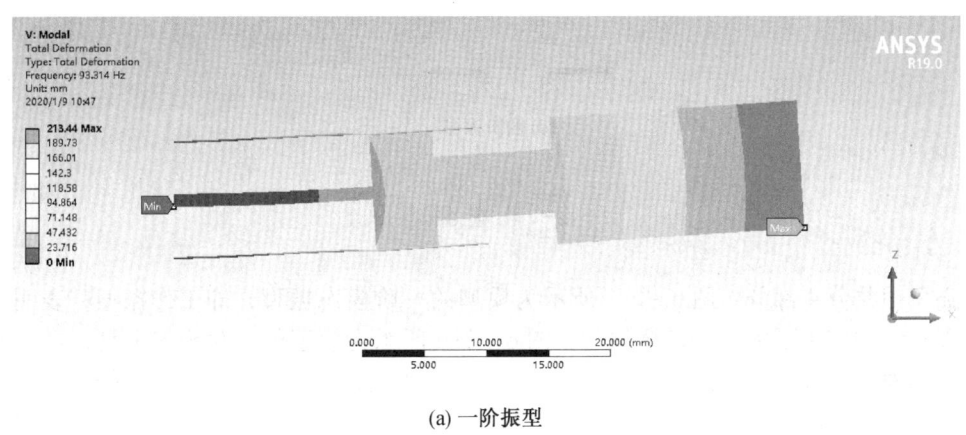

(a) 一阶振型

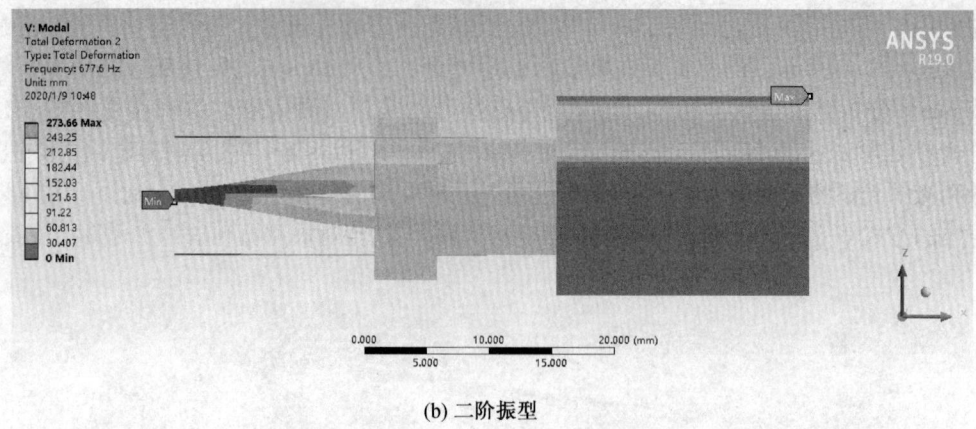

(b) 二阶振型

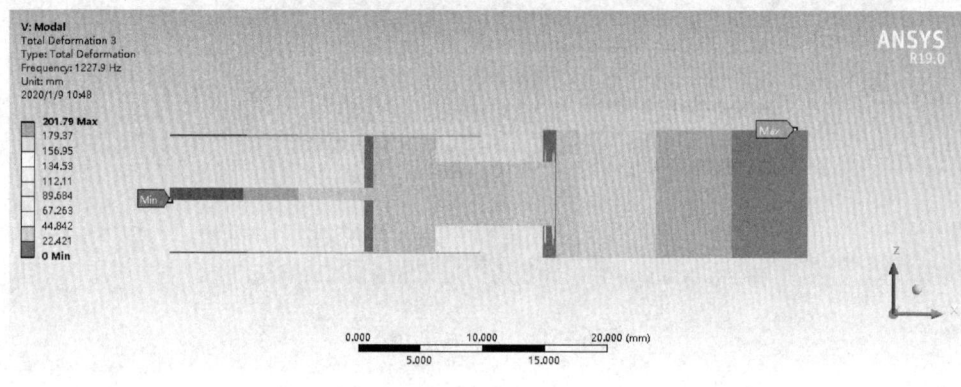

(c) 三阶振型

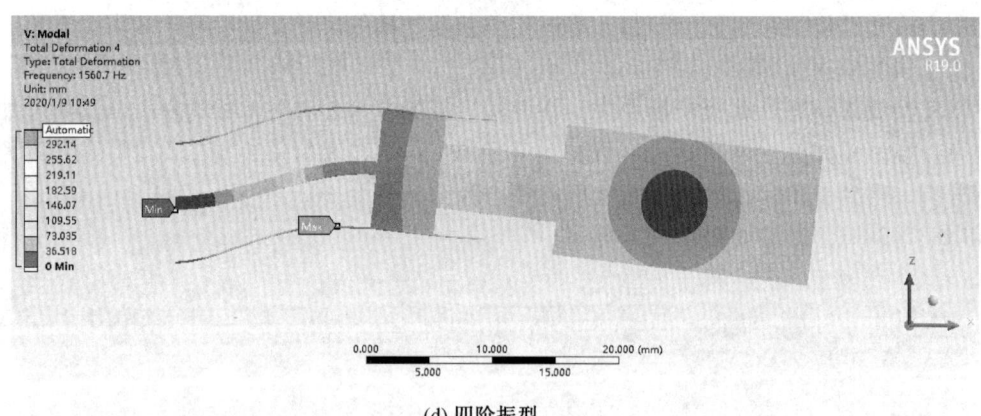

(d) 四阶振型

图 6-21 模态振型图

振型图共分 4 部分：图 6-21a 所示为模型的一阶模态振型，即工作振型，表明模型在外界振动的作用下沿 Y 轴产生振动；图 6-21b 所示为模型的二阶模态振型，即扭动振型，表明模型在外界振动的作用下绕 X 轴发生扭动；图 6-21c 所示为模型的三阶振型，即波动振型，表明结构沿 Y 轴方向波动；图 6-21d 所示为模型的四阶振型，即摆动振型，表明在外界振动的作用下模型在 Z 轴方向摆动。模态分析结果表明，DFBG 加速度传感器的固有频率为 103.26 Hz，表明可以检测低频的振动频率；通过比较各阶模态数据，一阶模态频率与二、三、四阶模态频率相差较大，表明双光纤 – 悬臂梁结构的交叉耦合小，可以有效降低交叉干扰，提高传感器灵敏度。

三、微地震监测

微地震监测在石油工程、核废料处理、大坝、危险性结构的预防和稳定性监测有广泛的应用，其信号与常规地震信号相比具有能量弱，频率高，容易被吸收等特点，这就对其信号的采集提出更高的要求。与传统的电学加速度传感器相比，光纤光栅（FBG）加速度传感器以其体积小、重量轻、抗电磁干扰、耐腐蚀、易于实现分布式测量等优点越来越受到人们的重视。针对中高频光纤光栅加速度传感器灵敏度低的问题，一种带有两个惯性质量块的三铰链加速度传感器用于微地震监测。

光纤光栅三铰链传感器的结构如图 6 – 22 所示，该传感器是一种基于三个铰链的新型光纤光栅加速度传感器，由底座、三个带有惯性质量块的椭圆柔性铰链以及光纤光栅三部分组成。该传感器可由一整块弹簧钢经过线切割和热处理加工而成，形成一个不可分割的整体。将光纤光栅粘贴在两个惯性质量块中间，并使光纤光栅有一定的预拉量。

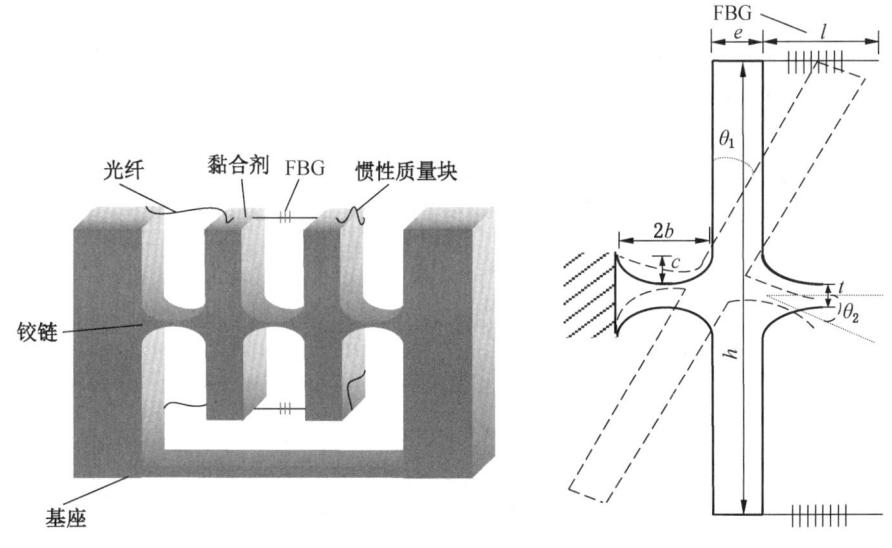

图 6 – 22　传感器结构示意图　　图 6 – 23　传感器力学模型

产生振动时两个质量块会围绕各自的铰链作反向的微幅转动，质量块产生的惯性力会带动发生轴向的微小伸缩形变，从而导致 FBG 反射波长发生漂移。由于中间的铰链连接，两个质量块同时振动，上下光栅两端的形变方向相反，因而可达到灵敏度倍增的效果，并能消除温度变化带来的影响。

如图 6 – 23 所示，当振动激励信号加速度 a 作用在传感器敏感方向时，由于传感器完全对称，左右椭圆柔性铰链相对于中心铰链位移的大小始终相同，可以提取结构的左半部分进行分析。整个系统在惯性力作用下达到转矩平衡，即

$$mad - 2k\Delta l \frac{h}{2} - K\theta_1 - K\theta_2 = 0 \tag{6-55}$$

式中，m 为质量块的总质量；d 为质量块质心距离铰链中心的距离；Δl 为光纤的拉伸距离；$2b$ 为椭圆铰链长轴；$2c$ 为椭圆铰链短轴；e 为惯性质量块宽度；h 为惯性质量块高度；k 为光纤的弹性系数；K 为铰链转动刚度；θ_1 为中心铰链转动角度；θ_2 为中心铰链转动角度。

光纤弹性系数 k 为

$$k = \frac{A_f E_f}{l} \tag{6-56}$$

式中，A_f 为光纤横截面积；E_f 为光栅弹性模量。

质量块重心 d 为

$$d = b + \frac{e}{2} \tag{6-57}$$

铰链刚度 K 为

$$K = \frac{Ewt^3}{24bu} \tag{6-58}$$

其中

$$u = \left[\frac{12s^3 + 14s^2 + 6s + 1}{(2s+1)^2(4s+1)^2} + \frac{6s(2s+1)}{(4s+1)^{5/2}} \arctan \frac{1}{\sqrt{4s+1}} + \frac{6s(8s^3 + 12s^2 + 6s + 1)}{(2s+1)^2(4s+1)^{5/2}} \arctan \frac{2s}{\sqrt{4s+1}} \right] \tag{6-59}$$

式中，E 为材料的弹性模量；w 为铰链的厚度；$s = c/t$，t 为铰链间最小厚度。

由于两个光栅中心波长一样，两者应变等幅反向，两个光栅温度变化系数一样并处于同一室温下：

$$\lambda_B = \lambda_B' = \lambda_B'', \varepsilon_f = \varepsilon_1' = -\varepsilon_2'$$

式中，λ_B'、λ_B'' 分别为两个光栅的中心波长，ε_1'、ε_2' 分别为两个光栅应变。

由光纤光栅反射定理知

$$\Delta\lambda/\lambda_B = \Delta\lambda'/\lambda_B' - \Delta\lambda''/\lambda_B'' = (1-p_e)\varepsilon_1' - (1-p_e)\varepsilon_2' = 2(1-p_e)\varepsilon_f \tag{6-60}$$

传感器灵敏度 S 为光纤光栅的中心波长变化量和加速度 a 之比，即 FBG 加速度传感器灵敏度 S 为光栅的中心波长变化量和加速度 a 之比，即

$$S = \frac{\Delta\lambda}{a} = \frac{2(1-P_e)\lambda_B \varepsilon_f}{a} = \frac{(1-P_e)\lambda_B}{l} \cdot \frac{md}{kh + 4K/h} \tag{6-61}$$

式中，P_e 为弹光系数；λ_B 为光栅的中心波长；ε_f 为光纤应变。在下文中所指的灵敏度为峰-峰值灵敏度 $2S$。

谐振频率 f 是加速度传感器的另一个重要参数，与传感器的可用带宽相关，一般而言，谐振频率变高，传感器可测量的最低频率和最高频率变大，可用频带变宽；反之，可用频带变窄，可测到更低的频率。为了求得传感器的谐振频率，设质量块绕铰链中心转动的转动惯量为 J，动力学方程为

$$J\ddot{\theta} + [2k(h/2)^2 + 2K]\theta = 0 \qquad (6-62)$$

整个系统的谐振频率为

$$f = \frac{1}{2\pi}\sqrt{\frac{2k(h/2)^2 + 2K}{J}} \qquad (6-63)$$

转动惯量为

$$J = m\frac{e^2 + h^2}{12} + md^2 \qquad (6-64)$$

传感器的灵敏度和谐振频率是不可兼得的。例如，当提高惯性质量块的质量 m 时，加速度传感器的灵敏度会上升，而其整体的谐振频率会下降，相应的可测量的频带就会变窄。想要在所需的测量范围内获得更高的灵敏度，则需要对传感器的结构参数进行分析和优化。利用 Matlab 对传感器关键参数 b、c、t、e、h 进行分析。传感器的材料为 304 不锈钢，其弹性模量为 190 GPa，密度为 7850 kg/m³，传感器厚度为 15 mm，光纤的弹光系数为 1.23×10^{-8} m²，弹性模量为 72 GPa，有效弹光系数为 0.22，光栅的中心波长为 1550 nm，l 为 5 mm。

第一组分析 b 和 c 在 $t = 0.5$ mm、1 mm 和 2 mm 时对传感器灵敏度和谐振频率的影响，令 $e = 5$ mm、$h = 30$ mm、2 mm $\leq b \leq 8$ mm、2 mm $\leq c \leq 8$ mm，得到的传感器灵敏度如图 6-24a 所示，谐振频率如图 6-24b 所示。

由图 6-24a 和图 6-24b 可知当 b 变化时，灵敏度变化较大，而谐振频率变化较小；当 c 变化时，灵敏度变化较小，而谐振频率变化较大；t 变化时对灵敏度和谐振频率的影响都很大。

第二组中讨论 e 和 h 在 $t = 0.5$ mm、1 mm 和 2 mm 对传感器灵敏度和谐振频率的影响，令 $b = 5$ mm、$c = 3$ mm，3 mm $\leq e \leq 8$ mm，20 mm $\leq h \leq 35$ mm，得到的传感器灵敏度如图 6-25a 所示，谐振频率如图 6-25b 所示。

由图 6-25a 和图 6-25b 可知当 e 变化时，灵敏度变化较大，而谐振频率变化较小；当 h 变化时，灵敏度变化较小，而谐振频率变化较大；t 变化时对灵敏度和谐振频率的影响都很大。

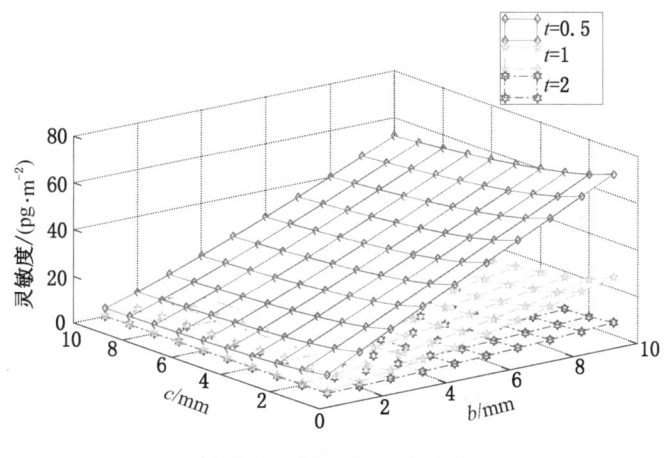

(a) 不同 t 时灵敏度随 b、c 的变化

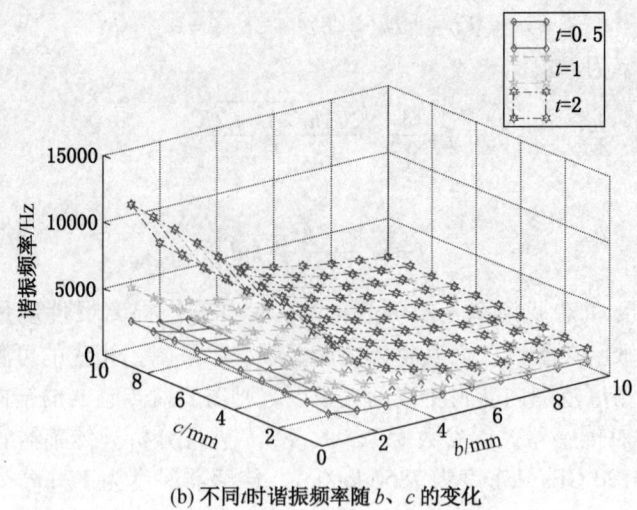

(b) 不同t时谐振频率随b、c的变化

图6-24 参数b、c对传感器性能的影响

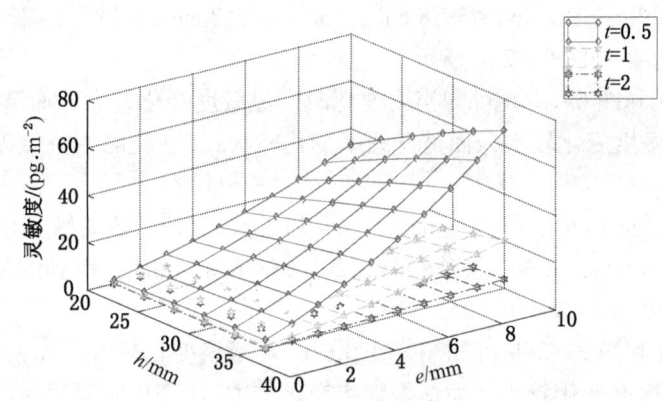

(a) 不同t时灵敏度随e、h的变化

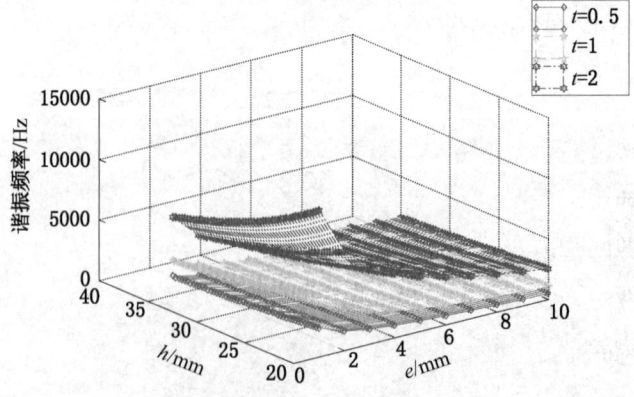

(b) 不同t时谐振频率随e、h的变化

图6-25 参数e、h对传感器性能影响

由图 6-24 和图 6-25 可知，铰链的结构参数 b、c 和 t 发生微小变动时，会引起传感器性能的极大变动，而质量块尺寸 e 和 h 在一定范围的变动，对传感器性能的影响相对较小。为了得到较为理想的灵敏度和谐振频率，取 $c=5$ mm，$h=30$ mm，采用 Lingo 优化软件对传感器的铰链参数 b、e 和 t 进行最优化设计。优化模型为

$$\max S$$

$$\text{s. t.} \begin{cases} f \geqslant 1500 \text{ Hz} \\ 1 \leqslant b \leqslant 10 \text{ mm} \\ 1 \leqslant e \leqslant 10 \text{ mm} \\ 0.5 \leqslant t \leqslant 2 \text{ mm} \end{cases} \tag{6-65}$$

为了便于加工优化将结果取整数，模型参数见表 6-3。

表 6-3 模型优化参数

参　数	名　称	数　值
E	304 不锈钢弹性模量/GPa	190
E_f	光纤杨氏模量/GPa	72
A_f	光纤截面积/×10^{-8} m²	1.23
P_e	弹光系数	0.22
λ_B	FBG 中心波长/nm	1550
e	惯性质量块宽度/mm	5
h	惯性质量块高度/mm	32
b	椭圆铰链短轴/mm	5
c	椭圆铰链长轴/mm	3
t	椭圆铰链厚度/mm	1
w	传感器厚度/mm	15

为了分析传感器的振动传感特性，使用 ANSYS 对所设计的传感器进行分析。首先根据优化后参数在 solidworks 上进行模型的建立，传感器中几个主要部件的材料性能参数见表 6-2，完成后将模型导入 ANSYS 使用 workbench 对传感器模型进行模态分析。模型项目，将建立的装配模型导入到 workbench 中。在 ANSYS 中模型项目，对模型进行网格划分，将结果分为若干个单元，对壳体下表面施加固定约束，运行后得到的效果如图 6-26 所示。

从图 6-26a 所示可以看出，该结构的固有频率为 1449 Hz，两个质量块的运动方向相反。

从图 6-26b 所示可以看出，该结构的二阶模态频率约为 2945 Hz，与一阶模态频率相差较大。

由图 6-26 可以看出其一阶模态频率和二阶模态频率相差较大。而传感器的模态频率

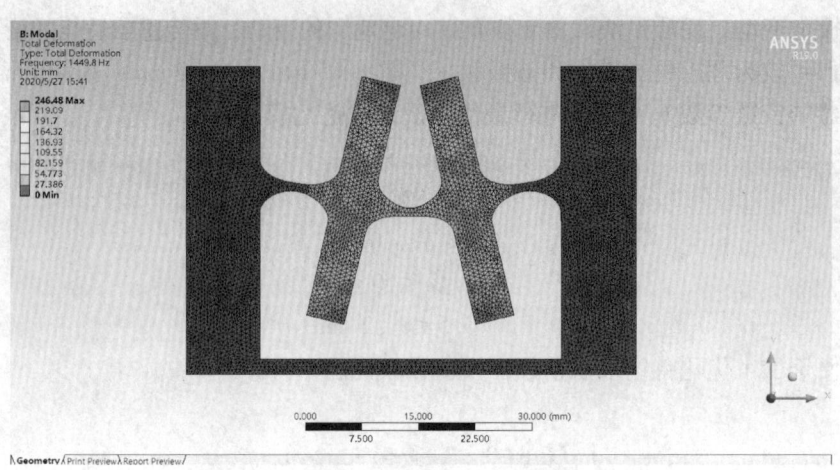

(a) 一阶模态

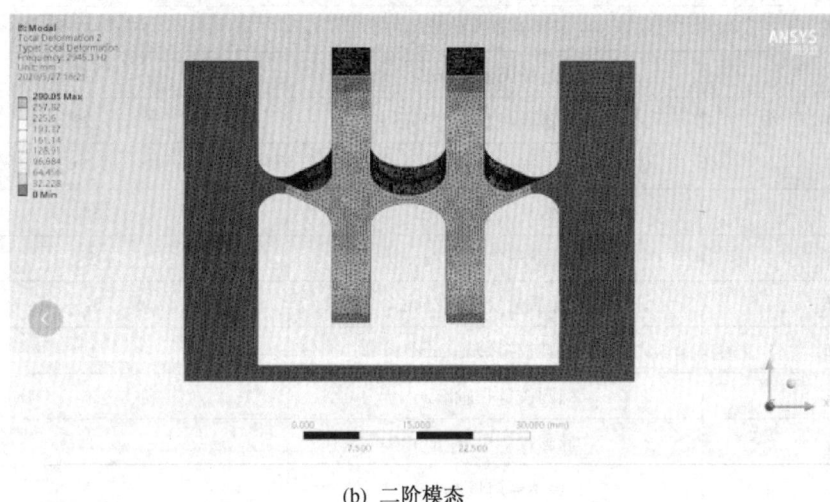

(b) 二阶模态

图 6-26 模态分析图

越大，其结构刚度越大，因此，一阶模态刚度与二阶模态刚度之间的差异也很大。结果表明，该结构的交叉耦合很小，能够满足传感器测量精度的实际要求。

四、地震物理模型检测

超声波传感器是获取地震物理模型内部信息的核心器件，目前市面上传统的超声传感器主要是基于压电转换原理，其工作原理是利用压电材料（如压电陶瓷或压电薄膜等）的压电效应将声压信号转换为电信号，从而实现对超声波的检测。这种电类的器件有几点不足：仅对特定的窄频带超声信号灵敏响应；灵敏度会随着换能器体积的减小而变弱且受电容影响较大；极易受到环境电磁场的干扰；接收信号随着发射源与接收器的距离增加会展宽（导致信号失真）；复用性差，多通道实时监测系统复杂；无方向识别性，不能获取超声波方向信息。因此迫切的需要一种新型的超声传感器以满足科研及生产生活的使用，针对以上传统超声传感的不足，新型超声传感器应具有：体积小，便于安装和提高检测精度；抗干扰能力强；灵敏度高，适用于检测微弱信号（高频声波在岩石模型内衰减较快）；对于未知超声源、声源变化或多源等复杂监测对象，超声波方向的准确识别起到至关重要的作用，即实现超声矢量传感；具有良好的复用性，多点同时监测，可提高模型检测效率。

光纤超声传感器作为新型超声传感器完全具备上述提出的各项优点，适合用于地震物理模型检测。光纤超声传感器通过检测光纤内传输光的特征参量来感知待测物体传输超声波的强度、频率、方向等信息，提供待测物的几何外形、内部结构等信息。国内外对于光纤超声检测技术高度重视，已有不少研究成果被报道。光纤超声传感器类型按结构有光栅型、干涉型等。其中，光纤光栅型超声传感器是通过感测光纤光栅波长或偏振态信息，与其他类型光巧传感器相比较，光纤光栅反射波长带宽窄，易于复用，可在一化光纤上级联多个光栅构成传感网络，实现超卢波多点准分布式测量。此外利用光栅刻在与高渗杂增益光纤构成的分布式反馈光纤激光器作为传感元件，可获得窄线宽、高功率的激光输出，通过光栅波长或拍频信息感测超声波，能够获得极高探测分辨率。

当超声波向外传播时，按照其传播时波面的形状，可以将超声波分类为平面型超声波，球面型超声波，以及柱面型超声波。当声源向外发射超声波时，如果超声波的各个波面为平面，且处于相互平行状态向外传播，或者超声声源的尺寸远大于相对于超声波波长时，声源所发射出的超声波可视为平面型的超声波。超声波和其他种类的声波类似，都具有波动性，主要表现出的特征为超声波的叠加、干涉、衍射、共振、腔内驻波等。一般来说，用来描述超声波特性的特征参数有超声波的振幅，其中，周期和频率由超声声源决定，波长可通过周期和传播速度计算得出，而超声波的传播速度则由波型和介质的属性决定（密度和泊松比）。

光纤超声传感器的调制方式有相位调试和波长调制，相位调制从原理分类，又可以分为基于迈克尔逊干涉原理的光纤超声传感器、基于马赫增德尔干涉原理的光纤超声传感器、基于法布里珀罗干涉原理的光纤超声传感器、基于塞格纳克干涉原理的光纤超声传感器。下面以基于迈克尔逊干涉原理的光纤超声传感器为例，对光纤光栅超声成像地震物理模型进行分析，其干涉原理如图6-27所示。

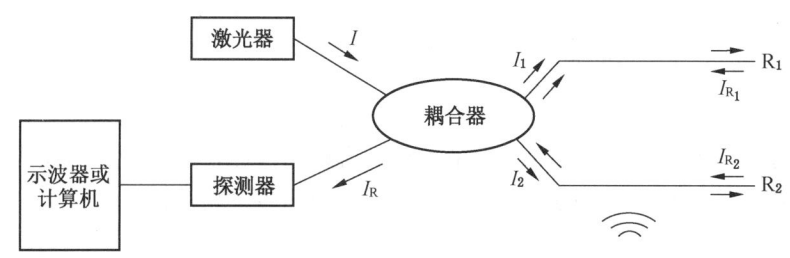

图6-27 迈克尔逊干涉原理的光纤超声传感器原理图

基于迈克尔逊干涉的光纤超声传感器结构示意图，其中 R_1、R_2 为迈克尔逊干涉仪的两个反射镜，一般来说，在 R_1、R_2 是通过在末端切平的光纤端面镀上一具有高反射率的金属薄膜，如金（Au），银（Ag）等。信号光由激光光源发出，经过一个 50∶50 的 2×2 耦合器分为两道光束，分别沿传感臂和参考臂传导至反射镜 R_1 和 R_2，经过反射镜的反射，两束反射光 I_{R1} 和 I_{R2} 会顺原路反射回去。传导臂和参考臂存在一定的长度差 L，从而在里面传输的光信号会有固定相位差 ϕ，二者之间的关系为 $\phi=\beta L$，其中，β 为传输常数，$\beta=n_{eff}k_0$，n_{eff} 为光纤对光信号传输的有效折射率，k_0 为波数。因为相位差的存在，当 I_{R1} 和 I_{R2} 到达耦合器时，会有干涉现象产生，在没有外界超声信号影响的情况下，干涉谱不会受到影响。而当外界超声信号加载在光纤传感臂上时，因为几何效应和弹光效应的存在，会对传输常数 β 和几何长度差 L 同时产生影响，即

$$\Delta\phi = \beta\Delta L + L\Delta\beta \tag{6-66}$$

弹光效应是指当超声波作用于材料本身时，由于声压对材料产生的应力作用而导致其折射率的变化，根据弹光效应，折射率相关的特征量 $\left(\dfrac{1}{n^2}\right)$ 与应力的关系可表述为

$$\Delta\left(\frac{1}{n^2}\right) = \sum_{j=1}^{6} p_{ij}S_j \tag{6-67}$$

其中，p_{ij} 是弹光系数。考虑光纤是各向同性且均匀，因此，应变光学张量可以写为

$$p_{ij} = \begin{bmatrix} p_{11} & p_{12} & p_{12} & 0 & 0 & 0 \\ p_{12} & p_{11} & p_{12} & 0 & 0 & 0 \\ p_{12} & p_{12} & p_{11} & 0 & 0 & 0 \\ 0 & 0 & 0 & p_{44} & 0 & 0 \\ 0 & 0 & 0 & 0 & p_{44} & 0 \\ 0 & 0 & 0 & 0 & 0 & p_{44} \end{bmatrix} \tag{6-68}$$

由于纵向应力导致的折射率变化可以表述为

$$\Delta n = -\frac{1}{2}n^3\Delta\left(\frac{1}{n^2}\right)_{2,3} = -\frac{1}{2}n^3[\varepsilon(1-v)p_{12} - v\varepsilon p_{11}] \tag{6-69}$$

在公式 $\beta=n_{eff}k_0$ 中对 β 求 n 的导数：

$$\frac{\partial\beta}{\partial n} = k_0 = \frac{\beta}{n} \tag{6-70}$$

将上述结果代入公式中，可得

$$\Delta\phi = \varepsilon\beta L - \frac{1}{2}\varepsilon\beta L n^2[(1-v)p_{12} - vp_{11}] \tag{6-71}$$

可以得到因为超声波的作用而导致的相位差的改变。将输出的光信号通过探测器转换为电信号，利用示波器或计算机记录下来，从而可以通过相位的变化来对超声波信号进行检测，实现基于迈克尔逊干涉的光纤传感器对超声波信号的检测。

五、海洋探测

相比较人类易于生存的陆地而言，海洋显得变幻莫测，充满神秘，具有众多有待研究

的任务、有待勘探开发的资源以及需要监测的系统和工程,所以,适合于海洋环境的传感检测技术的发展、成熟和实用化,对整个海洋科学的发展具有重大意义,也有助于人类社会的进一步发展。目前最常用的光纤传感技术包括布拉格光纤光栅传感技术、基于散射光的分布式光纤传感技术、基于干涉原理的光纤振动传感技术、基于光谱吸收的光纤气体传感技术、基于表面等离子共振(surface plasmon resonance,SPR)原理的光纤折射传感技术等。上述技术大多得到深入研究,部分已经产业化,在陆地上得以实际应用。但适用于海洋领域的光纤传感器还在探索研究中,离实用距离尚远。光纤传感在海洋中的应用包括应用于海防水中不明物体识别与预警的光纤水听器、应用于海底地震海啸监测的光纤振动和水位传感器、应用于海底能源勘探安全监测的光纤气体传感器、应用于海底长输管道防盗采和防破坏的基于光纤干涉的振动传感器、应用于海底光电缆及桥梁和隧道健康质量监测的分布式光纤传感器,以及应用于海洋生态环境保护的光纤 SPR 溢油检测传感器。

光纤光栅传感器除了具有目前所有普通传感器的各项优点外,其基于光波波长的调制机理不受光源强度变化的影响,结合波分或时分复用技术在同一根光纤中可串接多个光纤光栅进行准分布式的测量,适合于阵列式的水听声呐传感检测。

光纤布拉格光栅(Fiber Bragg Grating,以下简称 FBG)水听声呐是利用 FBG 的优良传感特性设计而成的水中声波传感器。将 FBG 封装于特殊的声压敏感器件时,水中的声波通过声压敏感器件作用于 FBG,使其产生应变,从而改变 FBG 的周期,使其中心波长发生相应偏移,然后通过光纤光栅解调系统可以准确地解调出波长变化量,进而得到水声信号变化量。

基于非平衡 M-Z 干涉解调的光纤光栅水听器的基本结构如图 6-28 所示,其利用非平衡的 M-Z 干涉结构将传感光栅中心波长的变化量转化为相位的变化值,然后通过对干涉仪输出的光波相位信号进行解调,得到波长变化量,从而提高系统的探测灵敏度。

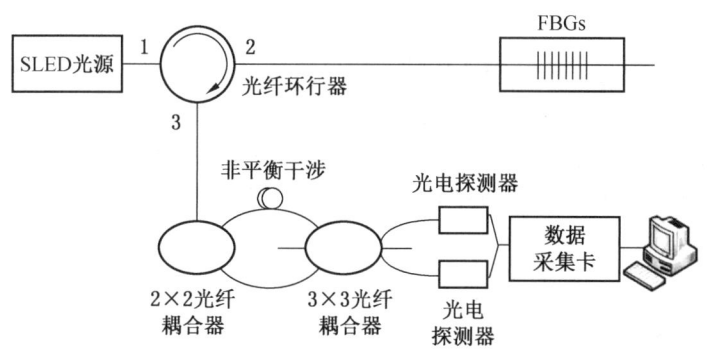

图 6-28 光纤光栅水听器结构

如图 6-28 所示,超宽带光源(self-scanning light emitting device,以下简称 SLED)发出的宽带光经光纤环形器传入传感光栅,然后经光栅反射的窄带光波进入非平衡干涉结

构，最后在 3×3 光纤耦合器中形成干涉。3×3 光纤耦合器的输出光强度 I_j 可表示为

$$I_j = I_{j0} + kI_{j0}\cos\left[\Delta\varphi(\lambda(t)) - (j-1)\frac{2\pi}{3} + \varphi(l)\right], j = 1,2,3 \qquad (6-72)$$

其中，k 为条纹可见度，$\Delta\varphi(\lambda(t)) = 2\pi nd/\lambda$ 为干涉仪不等臂而产生的相位差，n 为光纤折射率，d 为臂长差值，λ 为光纤光栅中心波长，$\varphi(l)$ 是由干扰信号而产生的相位漂移。根据 $d = \lambda^2/\Delta\lambda$（$\Delta\lambda$ 为光纤光栅中心波长变化量），d 取值越大，解调灵敏度就越高，随之测量范围也会相应越小，所以臂长差的选取对系统影响很大。在理想情况下，$I_{10} + I_{20} + I_{30} = I_{in}$，而且有 $I_{10} = I_{20} = I_{30}$。最终，相位与波长变化量的关系可以表示为

$$\varphi(l) = \frac{2\pi ndk'\Delta\lambda}{\lambda^2} \qquad (6-73)$$

式中，k' 为与电路及 k 相关的常数。

第二节 地质灾害监测光纤传感技术

我国是多山国家，每年会发生数万起滑坡、泥石流地质灾害，造成巨大的经济损失和惨重的人员伤亡。边坡地质灾害带来的危害极大，对人民群众的生命财产安全造成极大的威胁。对于边坡监测和预报，掌握滑坡的变形情况非常重要。目前国内外边坡变形监测方法比较多，常见边坡监测方法有宏观地质监测法、简易观测法、设站观测法、遥感（RS）方法、钻孔测斜仪法等。光纤传感在近十几年来得到了快速发展，在边坡监测上得到了大量的运用。光纤传感器在耐腐蚀、测量精度、抗电磁干扰、测量对象、传输频带等方面与传统传感器相比都具有显著优势。光纤传感器在边坡监测方面主要运用包括基于布里渊散射分布式光纤感测技术、基于瑞利散射分布式光纤感测技术、光纤光栅测斜技术、光纤光栅应力监测技术等。

一、光纤光栅传感

光纤光栅传感技术可作为一种新型的边坡位移监测手段，可以通过分析光栅的波长信号变化掌握滑坡深部位移和动态变化过程，并且测量结果相比传统技术测量结果较为精确。将光纤布拉格光栅与钻孔测斜仪结合起来设计 FBG 应变传感器，根据梁的弯曲变形理论和各向异性材料的弹性力学原理，推导出光纤布拉格光栅中心波长和应变管变形（即边坡深部位移变形）的理论公式，并通过室内模型实验和工程应用来验证，最终实现对滑坡的远程、实时、动态监测。

二、光纤测斜管

光纤测斜管的表面有两个沿测斜管方向的直线凹槽，两条光纤分别从这两条凹槽中穿过，如图 6-29 所示。为了保证测斜管与光纤光栅充分紧密接触，避免应变传递过程中导致的误差，首先应将测斜管表面的两个凹槽用砂纸打磨，再用脱脂棉球沾酒精将打磨处擦洗干净，避免灰尘油污对表面的污染。在测斜管接头处有两个凸起与两个凹槽相对应，用

来固定相连接的两个测斜管，应将凸起用工具去除，并用砂纸打磨光滑并清理，使光纤在测斜管接头处能从凹槽中顺利穿过。做完以上准备工作后将光纤穿入其中。

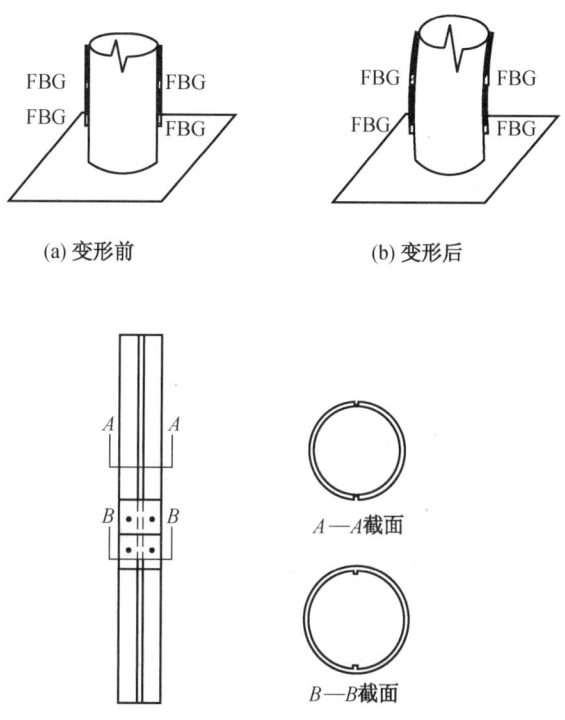

图 6-29 测斜管结构原理图

粘贴光纤光栅传感器时，选择黏结剂时必须考虑结构应变和长期监测的需要，所以胶粘剂的粘接性能必须适用于光纤和测斜管，需要具有较好的耐久性和较高的抗剪强度，能够方便封装过程的顺利进行。

粘接光纤光栅时，应注意将光纤准确平直地粘在测斜管凹槽内侧的中心位置，若光纤光栅不对直，就会与待测方向存在一个夹角，不能准确地传递真实的应变。应注意胶粘剂内不能产生气泡，不然当胶粘剂凝固硬化时会使光纤光栅产生非均匀变形，就会产生反射波长多峰值现象。胶粘剂凝固之后即完成了传感器的封装。

光纤粘贴完毕，待胶粘剂凝固之后，就可借助井架或者脚手架等将测斜管放入已经钻好的孔中，测斜管底部需下放到基岩中。钻孔直径应适当大于测斜管直径，以便填料能密实地填充到测斜管周围的空隙。测斜管的放置方向应使得装有光纤的凹槽对应边坡的上下坡方向。在放置过程中，应注意不得将测斜管过度弯曲，以防光纤产生过大变形甚至拉断。在填充测斜管周围空隙时，应事先实验水泥砂浆的配合比，使其凝固后的硬度和弹性模量与周围土体相近，尽可能减少应变的传递损失。填充过程中，应当将水泥砂浆充分填充密实，以减少基体材料对光纤光栅传感器应变传递率的影响。为将砂浆填充密实，可借鉴灌桩的方法，利用导管从下往上注浆，边注浆边提导管直到孔口。

三、基于布里渊散射分布式光纤传感器

由于光纤布里渊的变化受应力和温度的同时影响，对边坡监测的同时还要考虑温度带的影响。光纤布里渊应力监测中的温度补偿一般是在测量套筒里再加一个基于拉曼的光纤。拉曼对温度敏感，在松弛状态下所受影响为温度引起的变化，则可实时测量作为温度补偿。

边坡监测相对来说是浅层以及地表的监测，一般是埋入式监测，在边坡铺设。光纤在整个铺设过程中，在坡体上由于介质比较松散，所以布置光纤时，在坡体上开挖槽，槽深约 0.5 m。为了防止碎石切割光纤，在埋入光纤前，在槽底铺设一层细沙，光纤铺设在细沙上。在槽回填时，先覆盖一定厚度的细沙，再回填岩土介质，光纤与介质以植入式的固定方式与周围介质保持同步协调变形。

四、基于瑞丽散射分布式光纤传感器

基于瑞利散射的光纤时域反射技术，测量精度（空间分辨率）为 1~2 m，动态范围一般为 0~30 m。在现场监测时，对浅层滑坡地区钻孔，光纤封装处理后再装入毛细钢管水泥封装在浅层钻孔内，对边坡可进行大范围浅层和地表监测。

相对边坡深层的监测，其方式是通过在被测边坡体钻孔，埋设光纤装置并施测。钻孔是光纤监测设备顺利实施的必要条件，钻孔一般有垂直孔和斜孔两种形式。垂直孔优点：钻孔、埋设传感器，不需脚手架、操作方便，连续布孔可了解滑动面形状；缺点：钻孔与滑移面很难垂直，钻孔不能离被测体临空面太近；适用范围：长期监测，适用面较广。斜孔优点：钻孔与滑移面可垂直，更利于探测滑移面，被测体稳定性不佳仍可施测；缺点：钻孔、埋设传感器必须搭脚手架，被测体不密实易塌孔，滑动面较平缓不经济；适用范围：坡顶要堆载或坡脚开挖的监测，被测体稳定性不佳的监测。

第三节　边坡地表变形监测技术

边坡变形下滑溜坍过程中必然会导致滑坡体地表的倾斜角度值发生变化。因此对边坡地表倾斜状况的监测也可以一定程度上反映边坡的稳定状态。将所设计的倾角传感器布设在坡体表层，当边坡发生滑移变形时，会使表层的倾角传感器发生倾斜，因此通过布设在边坡表层的倾角传感器来监测边坡变形是可行的。

通常情况下，布设地表倾角传感器时应使其倾角测试方向与边坡坡体的主滑方向保持一致。但往往坡体可能滑动方向不能被预测地十分准确，这便导致倾角传感器的倾角测试方向与坡体主滑方向存在一定的偏差，从而影响监测结果的准确性和可靠性。基于此，为得到更精准的边坡变形情况，考虑采用传感器正交布置的方法在边坡地表同一测点安装一对倾角传感器，其中一个的倾角测试方向与坡体主滑方向平行，另一个的倾角测试方向与坡体主滑方向垂直，如图 6-30 所示。

如图 6-31 所示，当边坡坡体变形方向与预测方向不一致时，此时边坡倾斜方向与 1 号传感器倾斜方向夹角为 α，与 2 号传感器倾斜方向夹角为 β，设 1 号传感器的实际倾角

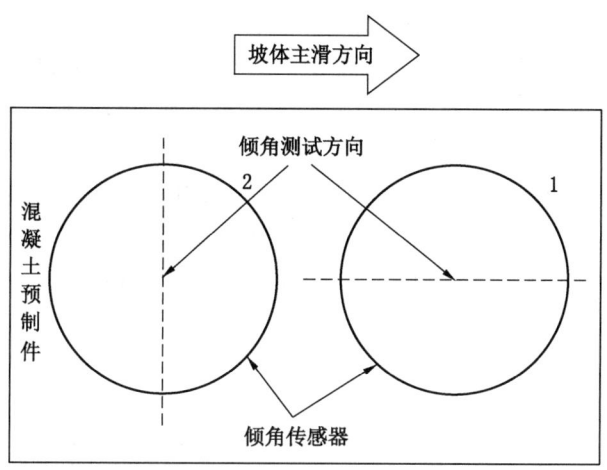

图6-30 倾角传感器正交安装俯视图

度为 θ_1，2 号传感器的实际倾斜角度为 θ_2，则

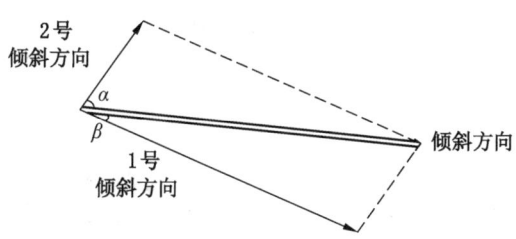

图6-31 倾斜方向示意图

$$\theta_1 = \theta\cos\alpha \tag{6-74}$$

$$\theta_2 = \theta\cos\beta \tag{6-75}$$

因此，可得边坡的实际倾斜变形角度为

$$\theta = \sqrt{\theta_1^2 + \theta_2^2} \tag{6-76}$$

边坡实际变形的方向为 1 号传感器倾斜方向的夹角为

$$\alpha = \theta\arccos\frac{\theta_1}{\sqrt{\theta_1^2 + \theta_2^2}} \tag{6-77}$$

边坡实际变形的方向与 2 号传感器倾斜方向的夹角为

$$\beta = \theta\arccos\frac{\theta_2}{\sqrt{\theta_1^2 + \theta_2^2}} \tag{6-78}$$

由式（6-78）可知，通过在监测位置正交布置两个光纤倾角传感器，可以监测到边坡实际倾斜的方向以及角度，使边坡变形监测结果更为精确可靠。

若要监测边坡地表变形情况,首先要保证倾角传感器固定在水平平台上,需制作混凝土平台以安装传感器。制作一定尺寸(20 cm×20 cm×50 cm)的混凝土预制件,在浇筑时将一根长 1 m 的 $\Phi 20$ 钢筋嵌入到预制件中。将倾角传感器安装固定在预制件上表面,使其处在钢筋的轴心位置。三者形成一个整体,作为边坡地表变形监测系统。

选定需要监测的边坡坡面位置,预先开挖与混凝土预制件尺寸相似但略深的坑洞,将倾角传感器、混凝土预制件与钢筋作为一个整体埋入其中。埋入边坡地表变形监测系统后,用水泥砂浆将混凝土预制件与边坡坡体之间的空隙灌注填充密实,以确保倾斜监测系统与边坡表面坡体变形协调。为防止倾角传感系统受外界环境影响,将传感器用土填平夯实。其系统结构如图 6-32 所示。

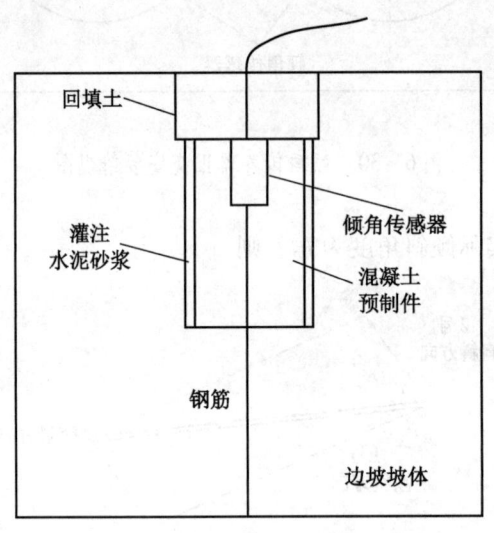

图 6-32 边坡地表变形监测系统结构

当光纤倾角传感器安装完成后,将引出光纤与解调仪相连,通过分析处理传感器采集数据即可对此时的边坡变形情况进行监测,将该次监测结果记录作为初始值。对倾角传感系统做好保护措施,每隔一定时间间隔(通常为一个月)对设备进行测量,将监测信息与初始监测信息进行对比,即可得到该段时间内的边坡变形情况。遇到特殊情况,如突降暴雨等恶劣天气,可适当缩短监测周期。

由上述分析可知,仅在现场进行监测需要专业人员定期进行作业,无法做到实时在线监测。为实现对边坡变形远程长期自动监测的目的,需建立远程边坡变形监测系统对边坡的深部变形及地表变形进行实时监测。该监测系统主要由边坡现场监测倾角传感器阵列、现场控制室和远程控制中心三部分构成。现场控制室内安置光纤解调仪、数据采集工控机、本地客户端和 GPRS 终端。光纤倾角传感器阵列(包括埋入边坡深部的测斜仪或安装在地表的倾斜仪)将采集的信号通过解调仪进行解调,并将数据送入采集工控机进行数据处理和存储。本地客户端通过监测系统可及时掌握边坡变形实时状态。为实现监测数据的远程传输,可通过 GPRS 终端由 GPRS 网络和互联网将监测数据传输到远程控制中心实现远程访问，记录分析监测数据，及时提供灾害预警信号。边坡变形远程监测系统结构组成如图6-33所示。

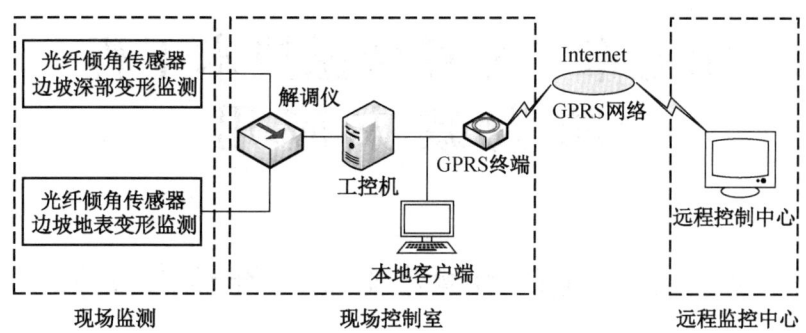

图6-33 远程监测系统结构

第七章 光纤传感技术工程防灾减灾应用

第一节 建筑物健康监测光纤传感技术

一、建筑物裂缝监测

在震后废墟救援现场,保障建筑结构中被困人员和进入废墟结构中救援工作人员的生命安全是救援工作开展的核心难点。在救援方案开展实施后,工作人员进入废墟结构对被困者进行施救的过程中可能会因为地震的再次发生或者实施方案所引起的建筑结构再次改变而面临威胁生命安全的险境。所以,为了尽可能地实现救援工作的需求,对实施救援工作的废墟结构开展安全性评估工作是震后安全救援的前提。裂缝监测已经成为提高工程结构稳定性、耐久性和安全性的研究热点,这是因为可以通过监测裂缝判断结构内部的损伤程度。在震后废墟救援现场,可以通过监测废墟结构的裂缝动态变化进行救援工作安全性和废墟稳定性评估,尽量避免废墟结构的再次断裂或倒塌,从而减少被困人员和救援人员的伤亡。

在震后救援现场,建筑结构遭受地震之后已经产生大大小小的裂缝,救援人员在实施救援方案时,废墟本身已经产生的裂缝会因为救援过程中结构的位移变化而发生扩展或收缩。因此针对震后废墟救援,裂缝计只需对裂缝的动态变化进行测量。

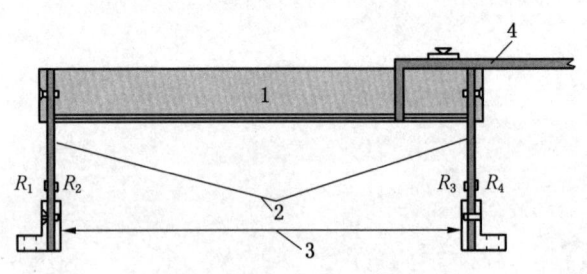

1—横梁;2—弹簧片;3—底脚;4—四芯电缆
图 7-1 传统裂缝计结构原理图

传统的裂缝计就是一种对裂缝动态变化检测的行之有效的方法。传统裂缝计的结构如图 7-1 所示,结构主要由横梁、2 个弹簧片、2 个底脚以及四芯电缆组成。2 个底脚用来固定裂缝计,使用螺钉将其固定在被测物体表面,2个弹簧片内外两侧的根部分别粘附着电阻应变片,横梁两端分别与2个弹簧片相连,四芯电缆与电阻应变片组成的全桥电路对应相接输出电压信号给记录仪。传统裂缝计是利用双悬臂梁和应变原理,其弹性元件的计算模型如图7-2所示。

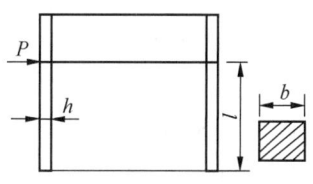

图7-2 传统裂缝计的计算模型

刚度为

$$K = \frac{P}{\Delta} = \frac{2Ebh^3}{l^3} \quad (7-1)$$

式中,l 为簧片自由长度;b 为簧片宽度;h 为簧片厚度;E 为弹性模量;P 为作用力;Δ 为力作用下横梁产生的位移。

由式(7-1)得

$$P = \frac{2Ebh^3}{l^3}\Delta \quad (7-2)$$

弯矩为

$$M = Pl = \frac{2Ebh^3}{l^2}\Delta \quad (7-3)$$

抗弯截面模量为

$$W = \frac{bh^2}{6} \quad (7-4)$$

界面应力分量为

$$\sigma = \frac{M}{W} \quad (7-5)$$

可得

$$\sigma = \frac{M}{W} = \frac{6Pl}{bh^3} \quad (7-6)$$

应变为

$$\varepsilon = \frac{\sigma}{E} = \frac{12h}{l^2}\Delta \quad (7-7)$$

传统裂缝计是一种对裂缝动态变化监测的行之有效的方法,但是由于传统裂缝计结构的限制,一是体积较大且自身的重量会对结构造成不必要的损伤;二是安装耗时且需要固定2个底脚,极有可能会扩大裂缝而加重威胁;三是对于废墟裂缝监测来说灵敏度较低,测量范围小。因此传统的裂缝计不适合应用于监测废墟裂缝动态变化。传统裂缝计是利用双悬臂梁和应变原理,其弹性元件的计算模型前面已经讲到。通过分析传统裂缝计的计算模型可以发现传统裂缝计的横梁在一定程度上限制了裂缝计的体积大小,所以在不改变传统裂缝计应用原理的基础上,改变横梁形状以及整体尺寸使裂缝计的结构紧凑,体积减小,故设计V型裂缝计计算模型如图7-3所示,将传统裂缝计中的横梁缩至最小,使两个弹簧片呈一定角度布置。

V型裂缝计的结构组成如图7-4所示,V型裂缝计主要是由2个弹性簧片,四组电阻应变片，2个楔形压板，楔形板，信号采集盒和USB接口组成。在2个呈V形布置的弹簧片的根部两侧分别贴有电阻式应变片组R_1、R_2、R_3、R_4，应变片组成全桥电路作为转换电路，将弹簧片产生的应变转化为可以实时测量的电压信号通过TYPE-C接口输出。其中，2个弹簧片选用65Mn弹簧钢材质，它是一种具有优良综合性能的弹性元件专用合金钢，其综合力学性能、抗弹减性能良好，可得到很高强度、硬度、屈强比。电阻应变片是应用最广、最方便的传感元件之一，具有灵敏度高、稳定性好等优点，已成为非电量电测技术中重要的检测手段。接口选用TYPE-C，它最大的特点是支持USB接口双面插入。楔形压板与楔形板选用铁合金，具有良好的减震性且铸件不易开裂，有一定的强度。信号采集盒选用应用非常广泛的通用塑料PVC。

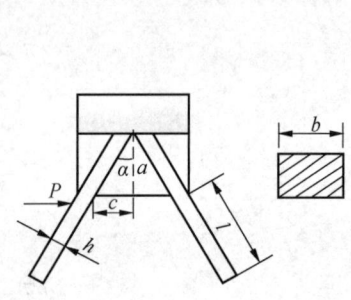

图7-3 V型裂缝计的计算模型

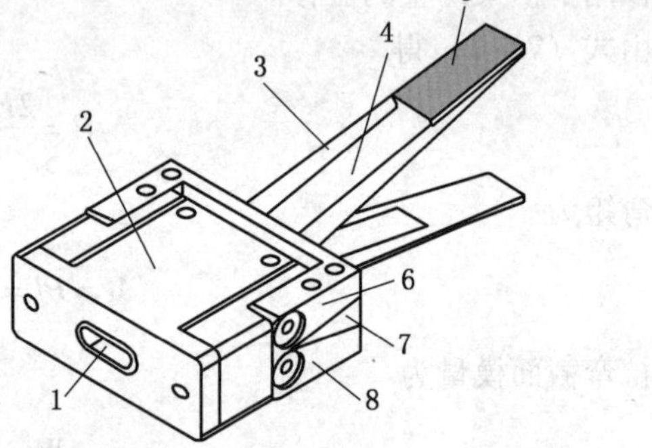

1—USB接口；2—信号采集盒；3—弹簧片；4—电阻应变片；
5—滚花钢板；6、8—楔形压板；7—楔形板

图7-4 V型裂缝计结构

V型裂缝计的工作原理：将V型裂缝计的2个弹簧片安装在废墟裂缝中，当V型裂缝计的两底脚因受外力引起两底脚之间位移发生变化时，在2个弹簧片的根部两侧分别粘贴的4组电阻应变片随之产生应变，通过TYPE-C接口电路把簧片产生的应变转换成与位移成正比的电压信号输出。V型裂缝计的电路原理如图7-5所示，2个弹簧片根部的4组电阻应变片采用能起到温度自动补偿的作用的全桥式电路相连接，全桥电路作为转换电路将电阻应变片发生应变产生的电阻变化量转化为可以实时测量的电压变化量，同时引出电源V、地线GND、信号正D+、信号负D-4根引线分别对应连接TYPE-C芯片电路。

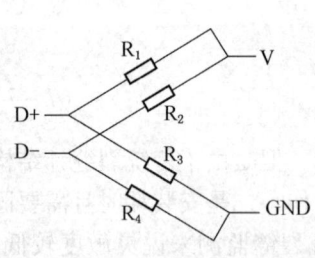

图7-5 V型裂缝计电路原理图

衡量传感器性能有很多指标，包括灵敏度、线性度、测量范围、零点漂移和温度漂移。其中最重要的指标是灵敏度。灵敏度是衡量传感器对输入信号的反应能力。测量相同的信号，灵敏度低测不出信号，灵敏度高测出信号。灵敏度定义是输出变化量Y比上输入变化量X，则V型裂缝计的灵敏度定义为输出电压的变化量比

上输入 2 个簧片底脚之间的间距变化量。

另一个重要的指标是测量范围,是指传感器能够测量的最小尺寸与最大尺寸之间的范围。对于不同的应用场景,需求不同。在废墟现场,震后产生的裂缝有大有小,大到几十毫米,小至零点毫米,此时就需要一个合适的测量范围。由于废墟裂缝不同于桥梁等其他工程方面的裂缝,传统裂缝计的测量范围无法满足现场需求。

根据 V 型裂缝计计算模型得出量程计算公式为

$$c = 2a\tan\alpha + 2l\sin\alpha \quad (7-8)$$

式中,α 为楔形板半角;a 为楔形板高度;c 为楔形板顶角对应面的 1/2 宽度;l 为簧片自由长度。

线性度作为衡量传感器性能的又一重要指标,用来描述传感器静态特性。计算在输入呈稳定状态时的传感器校准曲线与拟合直线间的最大偏差($\Delta Y_{\max}$)与满量程输出(Y)的百分比。

V 型裂缝计监测救援过程中搬移结构时造成的已有裂缝的动态变化,灵敏度作为最重要的传感器性能参数不容忽视,对输入信号的反应能力越高越可以有效监测废墟裂缝的动态变化,所以 V 型裂缝计在应用时需要提高裂缝计的灵敏度。

根据 V 型裂缝计弹性元件计算模型以及应变原理可以得到如下关系。

刚度为

$$K = \frac{P}{\Delta} = \frac{2Ebh^3}{l^3\cos\alpha} \quad (7-9)$$

式中,l 为簧片自由长度;b 为簧片宽度;h 为簧片厚度;E 为弹性模量;P 为作用力;Δ 为力作用下横梁产生的位移。

弯矩为

$$M = Pl\cos\alpha \quad (7-10)$$

式中,α 为楔形板的半角。

抗弯截面模量为

$$W = \frac{bh^2}{6} \quad (7-11)$$

界面应力分量为

$$\sigma = \frac{M}{W} = \frac{6Pl\cos\alpha}{bh^2} \quad (7-12)$$

应变为

$$\varepsilon = \frac{\sigma}{E} = \frac{6Pl\cos\alpha}{Ebh^2} \quad (7-13)$$

可以得到 V 型裂缝计中敏感元件灵敏度与应变的关系式:

$$S = \frac{\Delta\varepsilon}{\Delta P} = \frac{6l\cos\alpha}{Ebh^2} \quad (7-14)$$

由公式可以看出,V 型裂缝计中敏感元件的灵敏度与结构几何参数及材料特性等因素有关,所以通过改变结构的几何尺寸和结构材质可以有效提高裂缝计的灵敏度。结构初始参数见表 7-1。

表7-1 结构初始参数

簧片长度/mm	簧片宽度/mm	簧片厚度/mm	弹性模量/Pa	$\alpha/(°)$
35	16	1	2.0×10^{11}	11.3

分别求 S 对 b、h、l、$\cos\alpha$ 的偏导数,可以求出参数的变化对敏感结构灵敏度变化的影响程度为

$$S_b = \frac{\partial S}{\partial b} = \frac{-6l\cos\alpha}{Eh^2b^2} \tag{7-15}$$

$$S_h = \frac{\partial S}{\partial h} = \frac{-12l\cos\alpha}{Ebh^3} \tag{7-16}$$

$$S_l = \frac{\partial S}{\partial l} = \frac{6\cos\alpha}{Ebh^2} \tag{7-17}$$

$$S_{\cos\alpha} = \frac{\partial S}{\partial \cos\alpha} = \frac{6l}{Ebh^2} \tag{7-18}$$

将有关参数代入式(7-15)~式(7-18)中可以得到:

$$S_b = -0.40 \times 10^{-11}$$
$$S_h = -12.86 \times 10^{-11}$$
$$S_l = 0.18 \times 10^{-11}$$
$$S_{\cos\alpha} = 6.56 \times 10^{-11}$$

由计算结果可以看出,簧片的几何参数和楔形板的半角余弦对其灵敏度影响的程度是不同的,簧片长度和楔形板半角余弦与灵敏度成正比,簧片宽度和厚度与灵敏度成反比,其中簧片的长度对提高灵敏度影响最小,簧片厚度对提高灵敏度影响显著。簧片的长度会影响裂缝计的便携性,不宜过长且对灵敏度影响最小,簧片的宽度对灵敏度影响较小且成反比,不宜过宽,结合实际环境应用,所以此处对 V 型裂缝计的簧片长度和宽度进行微调,其中簧片长度为 39 mm,宽度为 14 mm。只谈论分析簧片厚度和楔形板半角余弦对灵敏度的影响,簧片厚度和楔形板半角余弦对灵敏度的影响如图7-6所示。

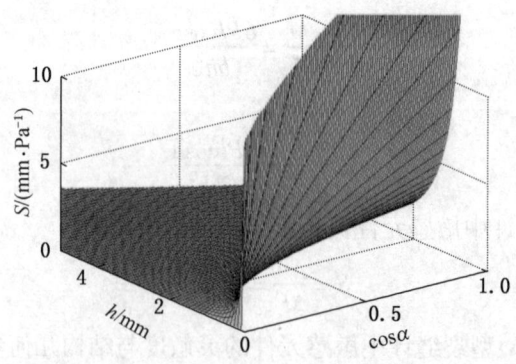

图7-6 簧片厚度和楔形板半角余弦对灵敏度的影响

依据 V 型裂缝计的实际应用环境，在救援人员根据方案实施救援时，难免要挪动大体积的废墟结构，V 型裂缝计的敏感结构簧片的受力会很大，为了保证弹性簧片可以经受大的受力而不产生弯折影响使用就要考虑簧片的刚度。分别求 K 对 b、h、l、$\cos\alpha$ 的偏导数，可以求出参数的变化对敏感结构刚度变化的影响程度为

$$K_b = \frac{\partial K}{\partial b} = \frac{2Eh^3}{l^3 \cos\alpha} \tag{7-19}$$

$$K_h = \frac{\partial K}{\partial h} = \frac{6Ebh^2}{l^3 \cos\alpha} \tag{7-20}$$

$$K_l = \frac{\partial K}{\partial l} = \frac{-6Ebh^3}{l^4 \cos\alpha} \tag{7-21}$$

$$K_{\cos\alpha} = \frac{\partial K}{\partial \cos\alpha} = \frac{-2Ebh^3}{l^3 \cos^2\alpha} \tag{7-22}$$

簧片的几何参数对其刚度影响的程度是不同的，簧片宽度和簧片的厚度与刚度成正比，簧片长度与刚度成反比，其中簧片的厚度对提高刚度影响最大，簧片宽度对提高刚度影响最小。结合实际环境应用，簧片的长度越长其刚度越小且会影响裂缝计的便携性，不宜过长；同样地，簧片的宽度对刚度影响最小，宽度过宽会增加安装的时间，不宜过宽，所以此处不改变簧片的长度和宽度，只谈论分析簧片厚度和楔形板半角余弦对刚度的影响，簧片厚度与半角余弦对刚度的影响如图 7-7 所示。

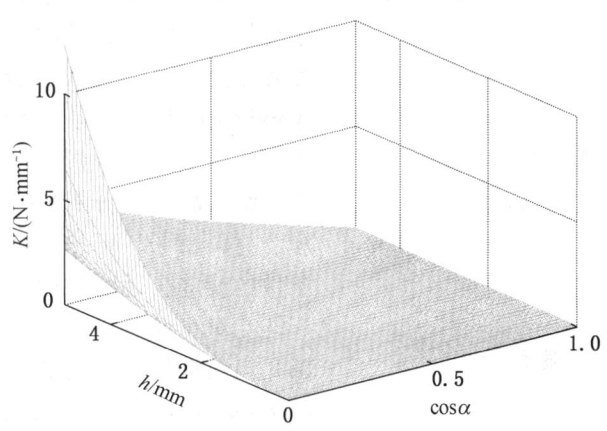

图 7-7 簧片厚度与半角余弦对刚度的影响

由分析可知，簧片长度和簧片的宽度对提高其灵敏度和刚度影响都比较小，V 型裂缝计的结构也会随着 l 的变化发生改变，增加簧片的宽度对刚度的提高有利，却使灵敏度减小，所以不改变这两个参数。因此只改变 cos、h 这两个参数来改善结构的灵敏度和刚度。簧片厚度、半角余弦对灵敏度和刚度的影响如图 7-8 所示。

根据图 7-8 可知，灵敏度与刚度的曲面交线在簧片厚度为 0.5~2 mm 范围内，因为簧片厚度从 1 mm 变为 0.5 mm，刚度变化较小，所以综合簧片厚度对灵敏度和刚度的影响，并且优先考虑提高灵敏度，又因为加工制作过程的限制，所以此处簧片的厚度可以定为 0.5 mm。

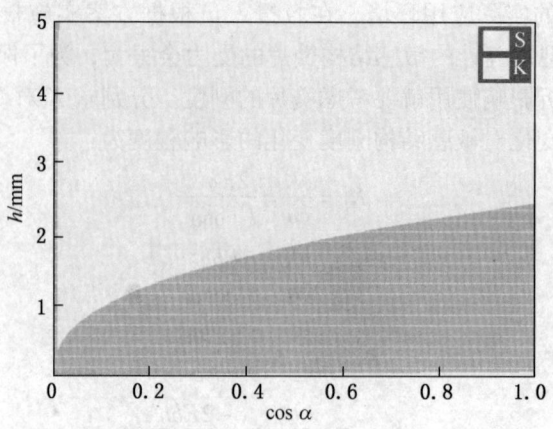

图7-8 灵敏度、刚度随半角余弦、簧片厚度变化

通过对 V 型裂缝计的敏感元件进行理论分析可知，楔形板的半角余弦是影响 V 型裂缝计灵敏度的一个关键因素。考虑到楔形板的半角余弦首先决定了 2 个弹性簧片的相对位置，其次很大程度上决定 V 型裂缝计的测量范围中的最大测量范围，因此基于 ANSYS Workbench 对一定形状和材质的簧片进行仿真试验，以获得楔形板半角余弦对裂缝计灵敏度的影响规律。ANSYS Workbench18.0 是 ANSYS 公司的最新版多物理场分析平台，有助于更好地掌握设计情况，从而提升产品性能和完整性。线性静力分析是使用 ANSYS Workbench 进行结构分析中的一种简单的分析，在这里主要分析线性材料的应力应变关系。结构静力学分析的一般步骤包括几何建模、材料赋予、网格划分设置与划分、边界条件的设定、后处理操作。

图7-9 有限元模型

在对 V 型裂缝计进行模型建立时采用外部几何数据导入的方式，V 型裂缝计模型如图7-9 所示。关于 V 型裂缝计各个部件组成的材质前面已经讲到，两簧片选用具有优良综合性能的弹性元件专用合金钢 65Mn 弹簧钢材质，楔形压板与楔形板选用具有良好的减震性且有一定强度的铁合金，信号采集盒选用应用非常广泛的通用塑料 PVC，主要构件材料特性见表 7-2。

表7-2 有限元模型主要构件材料特性

材料名称	类别	对应构件	弹性模量/Pa	泊松比	密度/(kg·m^{-3})
钢合金	Structural Steel	簧片	2.0×10^{11}	0.30	7850
		滚花钢板			
塑料	PVC	信息盒	3.14×10^9	0.30	1350

表7-2（续）

材料名称	类别	对应构件	弹性模量/Pa	泊松比	密度/(kg·m^{-3})
铁合金	Gray Cast Iron	楔形压板	1.1×10^{11}	0.28	7200
		楔形板			

在有限元计算中只有网格的节点和单元参与计算，所以需要对模型进行网格设置和划分以完成仿真计算。网格划分作为有限元计算的关键步骤，一方面网格划分影响计算结果的精度和可靠性，另一方面影响 CPU 计算时间和存储空间。由于信号采集盒和电阻应变片在对结构分析中不产生任何影响，考虑到计算的时效性在计算时不予考虑。网格划分结果如图 7 – 10 所示，网格划分参数见表 7 – 3。

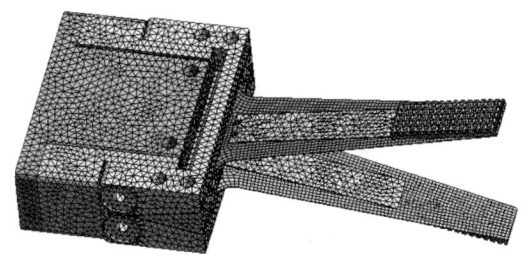

图 7 – 10　网格划分结果

表 7 – 3　网格划分参数

主要构件	网格大小/mm	划分方法	网格平均质量
簧片	0.5	Sweep	0.77
楔形压板	1.0	Multizone	
楔形板			

楔形压板与簧片接触对、簧片与楔形板接触对、簧片与簧片接触对，接触类型为 Bonded。根据实际使用工况在楔形压板和楔形板表面施加固定约束，在簧片底部分别施加 Z 轴方向上的 1.5 MPa 的压力载荷，分别对楔型板底边从 1 mm 到 5 mm，每次递增 0.5 mm 的 V 型裂缝计进行静力仿真，仿真结果见表 7 – 4。通过静力分析，从应变量和变形量结果表明：V 型裂缝计在相同约束条件和相同压力荷载下，簧片的最大应变量和最大变形量变化趋势一致，随着半角余弦值的减小而逐渐减小。

表 7 – 4　有限元静力分析结果

$\cos\alpha$	最大应变/(mm·mm^{-1})	$\cos\alpha$	最大应变/(mm·mm^{-1})
0.999	0.0050918	0.985	0.0050253
0.997	0.0050899	0.980	0.0049775
0.995	0.0050863	0.976	0.0049587
0.992	0.0050830	0.970	0.0049462
0.988	0.0050526		

因簧片在受力荷载相同时，其应变越大说明裂缝计灵敏度较高，楔形板半角余弦$\cos\alpha$与灵敏度关系曲线如图7-11所示。仿真结果表明：随着楔形板半角余弦值的增大，V型裂缝计的灵敏度呈上升趋势，灵敏度在0.975~0.99范围内上升速度较快，且越接近1，灵敏度越高。

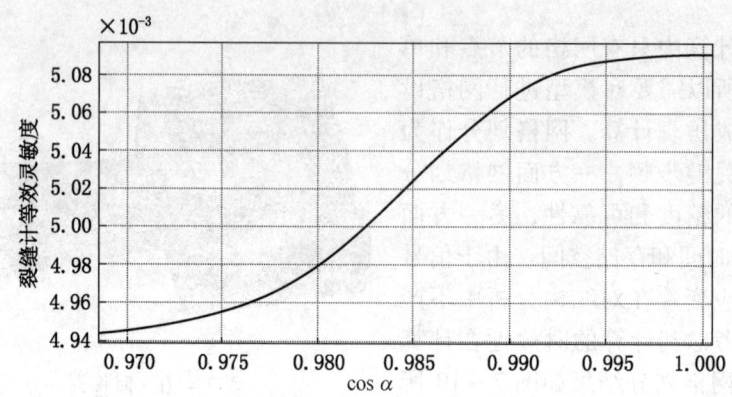

图7-11 半角余弦对灵敏度影响等效图

选取楔形板半角余弦值分别为0.992、0.976的裂缝计进行对比分析，仿真结果如图7-12所示。从图中可以看到在模拟实际工况，施加相同压力荷载以及相同约束条件时，

(a) 半角余弦为0.992

(b) 半角余弦为0.976

图7-12 最大等效应变

楔形板半角余弦值为 0.992 时,簧片最大等效应变为 0.005083 mm/mm,理论值为 0.004974 mm/mm,误差约为 2.1%;楔形板半角余弦值为 0.976 时,簧片最大等效应变为 0.004959 mm/mm,理论值为 0.004894 mm/mm,误差约为 1.3%。考虑到网格划分可能不够完整等因素,误差在合理范围内。与半角余弦值为 0.976 相比,半角余弦值为 0.992 时的簧片最大等效应变增加了约 2.5%,显然 V 型裂缝计在楔形板的半角余弦值为 0.992 时的灵敏度要比半角余弦之为 0.976 时的裂缝计高。

楔形板半角余弦值在簧片材质与形状一定的基础上对 V 型裂缝的影响关系,选取合适的值来制作 V 型裂缝计实物以验证仿真结论的正确性。考虑到加工制作零部件的限制,选取半角余弦值为 0.992 时的 V 型裂缝计制作实物,如图 7-13 所示。

V 型裂缝计灵敏度测量如图 7-14 所示。使用 TRICLE BRAND 外径千分尺直接测量裂缝计两支脚之间距离的变化大小 Δx,同时用 Agilent 34410A 6 位半数字万用表直测量裂缝计输出电压的变化 Δu,并用 Agilent U8002A 单输出直流电源供电给裂缝计,即可求得裂缝计在单位增益和单位桥路电压的灵敏度 [mV/(mm/V)]:

$$S_x = \frac{\Delta u}{E \Delta x} \tag{7-23}$$

当桥路电压为 5 V 时,每次裂缝计两支脚间距离变化 0.010 mm,分别测得传统裂缝计和 V 型裂缝计输出电压变化,图 7-15 所示为裂缝计输出电压测量实验结果。

图 7-13 V 型裂缝计实物图

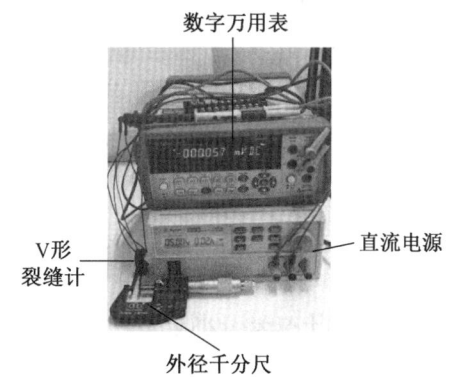

图 7-14 V 型裂缝计灵敏度测量实物图

通过式(7-14)求得裂缝计的灵敏度,计算结果如图 7-16 所示,求平均得到 V 型裂缝计的灵敏度为 1.16 mV/(mm/V),相较于传统裂缝计灵敏度 0.35 mV/mm/V,V 型裂缝计的灵敏度提高了约 3.3 倍。

对比传统裂缝计和 V 型裂缝计的结构参数,通过计算可得传统裂缝计中簧片的理论上的灵敏度为 10.35 mm/Pa,V 型裂缝计中簧片的理论上的灵敏度为 33.16 mm/Pa,提高了约 3.2 倍;实际测量误差为 3.4%,误差来源于零部件的安装、测量误差等,在合理范围内,通过实验有效验证了 V 型裂缝计的性能提高。由于在废墟现场,震后产生的裂缝

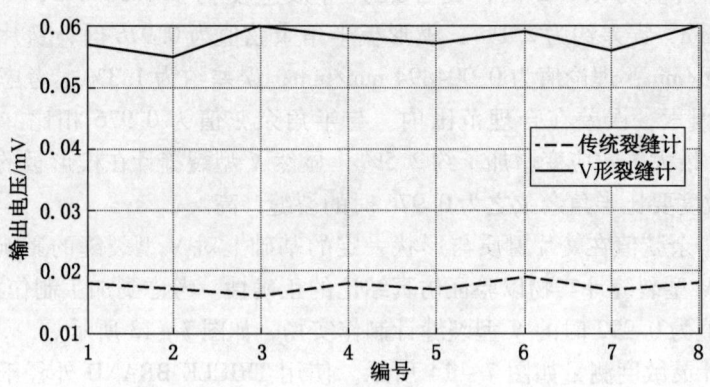

图 7-15　裂缝计输出电压测量结果

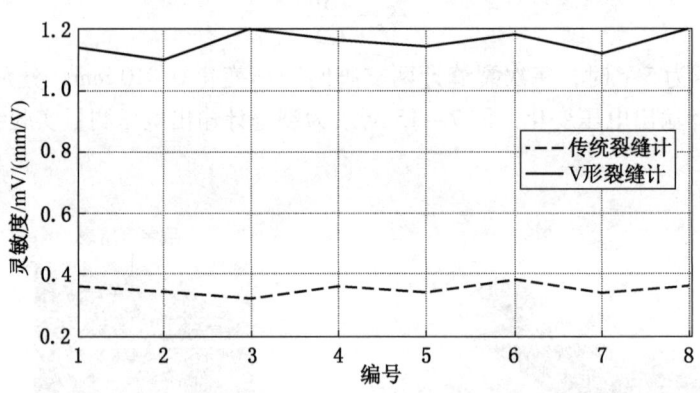

图 7-16　裂缝计灵敏度计算结果

有大有小，大到几十毫米，小至零点零几毫米，显然传统裂缝计 0.6 mm 的测量范围无法满足现场的需求。

测量 V 型裂缝计最大测量范围时用 TRICLE BRAND 外径千分尺直接测量 V 型裂缝计的两支脚之间自由状态下的距离 c，多次测量求平均得到最大量程为 12.60 mm；用千分尺直接测量裂缝计两支脚之间为零时的厚度，最小量程为 1.00 mm。V 型裂缝计的量程范围为 1.00~12.60 mm。可以得到最大量程 c = 12.64 mm，由于制作过程和人工测量造成的误差为 0.3%，在合理范围内。

使用 TRICLE BRAND 外径千分尺直接测量裂缝计两支脚之间距离的变化大小 Δx，同时用 Agilent 34410A 6 位半数字万用表直测量裂缝计输出电压的变化 Δu，并用 Agilent U8002A 单输出直流电源供电给裂缝计，在桥路电压为 5V 时，连续裂缝计两支脚间距离变化 0.2 mm，测量 V 型裂缝计输出电压变化，拟合结果如图 7-17 所示。线性拟合直线方程为 $u = 6.32x - 15.83$，线性拟合度约为 0.995，求得线性度约为 11%，适于废墟救援现场的应用。

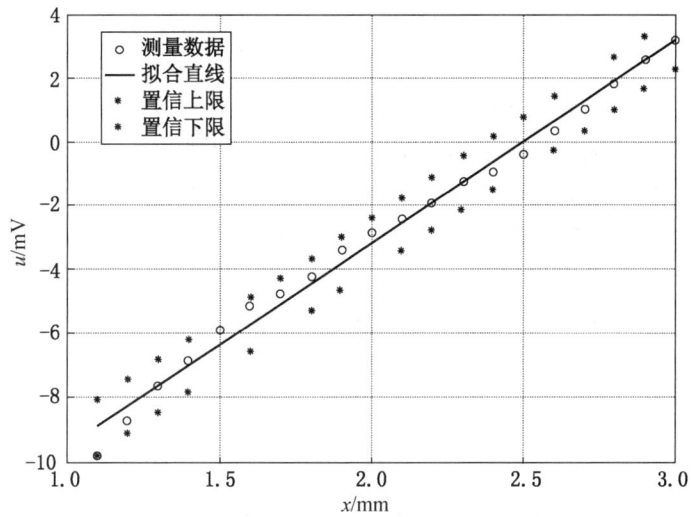

图 7-17　V 型裂缝计线性度拟合结果

二、隧道火灾监测

近年来，国民经济不断促进着我国交通运输工程的发展，其中，隧道已经成为交通运输网络的不可缺少的部分，其建造量也在随之增加。据交通部最近的统计，截至 2016 年底，全国公路隧道 12404 座，长度为 1075.67；增加了 1045 座，115.11 万 m。其中，特长隧道 626 处，276.62 万 m；长隧道 2623 处，447.54 万 m。为了高速公路建设得更好，我国未来将建造更多的地下联络隧道、海底隧道、穿山隧道，与此同时公路隧道的一系列安全问题也必须引起我们的高度重视。近年来关于公路隧道火灾的事件也时有发生，且其频率呈现不断上升的趋势，在公路隧道这样的一个空间狭小且比较封闭的状态下，一旦有火灾发生，其燃烧的大量热量和烟气由于不能及时地释放出来，同时对人员疏散也比较困难，这将对隧道中的过往乘客和设施造成极大的伤害和破坏，造成严重的经济损失和重大人员伤亡。而特长公路隧道的建成，将使隧道一旦发生火灾时的破坏性和伤亡率更大，同时火灾扑救也变得更加困难。

经过研究发现，在公路隧道火灾发生的初始阶段，10～15 min 以内，隧道内温度迅速升高，火灾的热释放速率速度很快。火灾时烟气迅速蔓延至隧道的顶部，热烟气层不断地对隧道顶加热，狭长的空间内热量无法扩散，隧道结构的高温加剧了火灾的发展。因此隧道火灾必须在燃烧发展的初期引燃阶段扑灭，否则隧道的特殊环境会使火灾以极快的速度发展。据统计，隧道内火灾温度达到 1000 ℃，仅需 5～10 min。因此，选择合适的火灾探测系统，及时发现火情，早期扑救，对于公路隧道安全尤为重要。

使用光纤传感可以很好地避免上述问题。分布式 Raman 温度传感器在最近的十几年发展十分迅速，其原因在于它对环境适应能力强、测量数据容量大、测量精度好。在公路隧道、输油管道、煤矿矿井、工程项目等恶劣环境下的温度监测中有着独有的优势。分布式 Raman 温度传感器虽然可对大量数据进行测量，但其精度不如光纤 Bragg 光栅传感器高。结合两种光纤传感器，发挥各自的特点，让光纤 Bragg 光栅温度传感器对分布式 Raman 温度传感器的温度测量值存在的误差进行温度补偿，提高分布式光纤在隧道温度测量值，使其在隧道发生火灾的初期进行预警，将损失降到最低。

根据实际的工程需求，光纤传感技术在隧道结构中采用的是光纤光栅传感器并行并结合波分复用和空分复用的多点复用技术，如图 7-18 所示。如果隧道内温度异常，光纤光栅传感器的中心波长就会发生偏移，信号处理器接收到反射光信号的波长产生变化，信号处理器把信号变化发送给上位机系统，隧道内的温度异常就能被及时察觉。

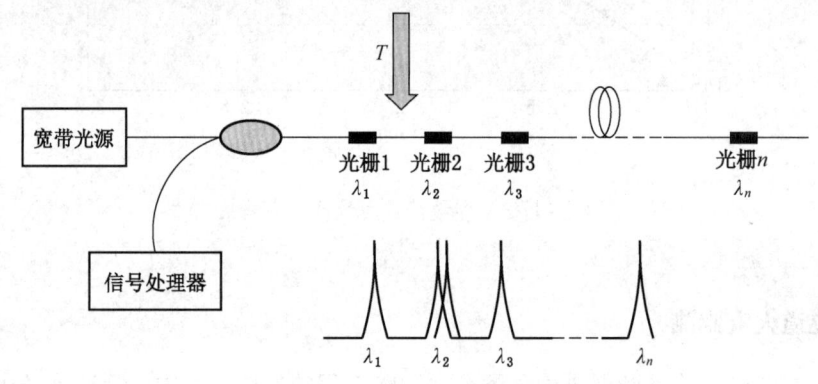

图 7-18　光纤传感系统原理图

为达到对隧道内温度的精确测量，稳定隧道长期监测的目的，选取分布式 Raman 温度传感器和光纤 Bragg 光栅温度传感器对隧道温度进行监测，如图 7-19 所示。根据隧道需要测量的位置分别对两种传感器进行布置，最后根据测量得到的温度值对隧道的安全状态进行分析，为隧道在运营期间温度的变化状况提供长期的实时的依据。

分布式 Raman 温度传感器适合对隧道、公路、地铁等距离监控室比较远的监测点的实时监测。传统的传感器信号传输距离比较近，与工程要求相差太远，而且在传感器的测试点需对现场仪器仪表进行安装，并需要使用 2 根导线将传感器引出，抗干扰能力会随着外界因素而降低，可靠性也随之下降。因此，不适合长期实时监测大型建筑物的状态。而多模光纤的两端分别连接到解调仪的不同光通道上，由此组成的分布式传感网络可以对传感器进行实时的监测。此外，针对分布式温度传感器的测量误差，通过光纤 Bragg 光栅温度传感器对其进行温度补偿，得到了较好的效果。为了能够及时和准确地发现高速公路隧道中的火灾状况，光纤 Bragg 光栅温度传感器探测头在隧道中的安装分布位置十分重要。在安装之前考虑隧道的长度、形状和里面的状况，然后决定传感器探测头在隧道中的安装位置和安装方式。值得注意的是，隧道中的大功率路灯会发出大量热量，所以在布设光纤时应该注意和路灯有一定的间距，减少误差。

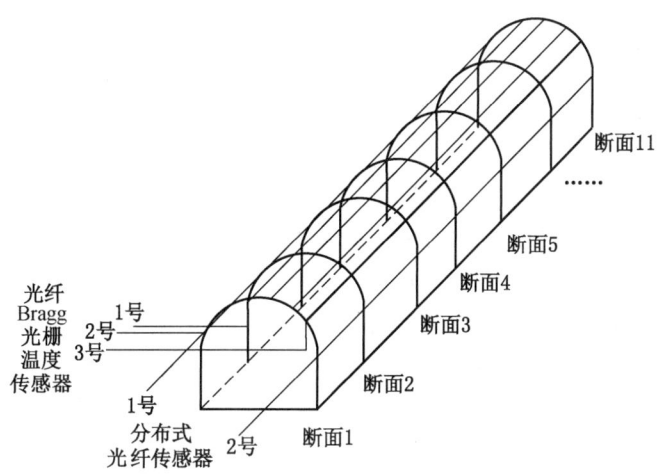

图 7-19 光纤传感器分布拓扑图

在检测系统中，分布式光纤传感器和光纤 Bragg 光栅温度传感器分别与分布式光纤测温装置和光纤 Bragg 光栅解调仪相连接，并对分布式光纤传感器的 Stokes 光、Anti-Stokes 光和 FBG 的中心波长进行温度解调，解调得到的数据分别通过串口和网口传输到监控终端的上位机软件。上位机软件包括 16 通道光纤 Bragg 光纤传感解调软件和分布式光纤测温软件。两个解调温度软件为后台运行监测软件采集两种类型的光纤传感器相关数据并写入数据库。光纤光栅解调软件采用串口总线与光纤光栅解调仪通信，采集隧道布设的 3 个光通道 FBG 温度传感器光谱数据和 FBG 温度传感器光谱数据，以及 FBG 温度传感中心波长数据，以备解调测量温度并将解调出的每只 FBG 传感中心波长写入隧道温度检测管理系统的数据库。分布式光纤测温软件解调一个光通道多模光纤的分布式温度传感并将测量距离及对应温度等参数存入数据库，并将采集到的数据进行处理，产生报表，完成数据管理的功能。

三、桥梁结构健康监测

桥梁是我国目前极为重要的公路交通枢纽组成部分，它是一个国家基础设施建设能力的象征。在桥梁的建造及运营期间，受建筑材料、外部环境、有害化学物质及承重、地震、材料的老化和温度、风等外部自然环境的影响，桥梁的部分结构在没有达到极限便遭受到严重的损害。目前，我国公路路网中的在役桥梁中的 40% 服役已超过 20 年，技术指标等级为三、四类的带病桥梁总数已占在役桥梁总数的 30%，超过 10 万座桥梁已进入危桥的行列，我国桥梁安全隐患已不容忽视。如果这些损坏的部分未得到及时的发现并采取相应的维护措施，将会严重影响行车安全，甚至会造成桥梁结构的突然垮塌，后果将不堪设想。因此，加强对桥梁结构的实时监测，及时地发现损伤情况并采取及时的补救措施，对保证行车安全极为重要。

结构的健康监测（Structural Health Monitoring，简称 SHM）指利用现场的无损传感技术，通过包括结构响应在内的结构系统特性分析，达到检测结构是否有损伤或退化的目的。结构健康监测的过程包括：通过一系列传感器得到系统定时取样的动力和静力响应测量值，从这些测量值中抽取对损伤敏感的特征因子，并对这些特征因子进行统计分析，从而获得结构当前的健康状况。对于长期的健康监测，系统得到的是关于结构在其运行环境中老化和退化所导致的预期功能变化的实时信息。结构的健康监测技术是要发展一种最小人工参与的结构实时、连续监测，检查与损伤探测自动化系统，通过网络或远程中心，自动、连续、实时地报告结构状态。与传统的无损检测技术不同，通常无损检测技术运用直接测量确定结构的物理状态，无须历史记录数据，诊断结果很大程度取决于测量设备的分辨率和精度，而SHM技术是根据结构在同一位置上不同时间的测量结果的变化来识别结构的状态，因此历史数据至关重要，识别的精度强烈依赖于传感器和解释算法。目前，桥梁结构健康监测主要用于大跨度重要桥梁，是传统长期监测技术的发展和延伸，它的监测内容广泛全面，测试诊断、评估实现了自动化，能够实时发现桥梁病害或不良反应并及时进行处理。

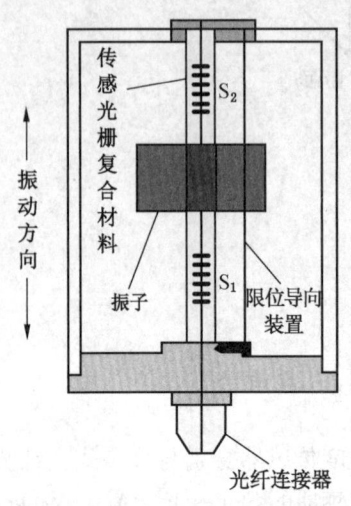

图 7-20 桥式波长检测型光纤光栅振动传感器

桥式光纤光栅振动传感器用于桥梁结构健康监测，结构如图 7-20 所示。其结构主要由传感光栅复合材料、振子、限位导向装置、护套和光纤连接器组成。传感光栅复合材料由两个光学特性相近的光纤光栅与金属或有机材料复合组成。在材料复合时，光栅和光栅分别位于振子的上下两段上。当振子在环境激励的作用下产生振动时，会导致传感光栅复合材料的拉伸或压缩，从而实现对被测对象振动参数的检测。

第二节　森林火灾监测光纤传感技术

森林火灾具有随机发生、扩展迅速、难以受控的特点，易造成森林资源损失惨重，进而影响生态更替和气候变化。伴随着全球气候变暖及人类活动的加剧，与森林火灾发生频次成正相关趋势，全球林业资源受到森林火灾威胁的形势越来越严峻。提高监测水平，有助于尽早探测起火点坐标，明确森林火灾态势，实现全程监视森林火灾从发生、发展到熄灭的整个过程，把森林火灾引起的灾难降到最低。

基于物联网的智能林火监测系统集成多种林火监测的特点获取和处理相关的林火信息及数据，这些信息和数据以服务的方式提供给指挥中心管理平台，每种监测平台是具有独立处理事务的智能体，每种监测平台依据自身平台台，管理平台再根据用户的需要对各个监测平台进行操作。智能林火监测的物联网构建如图 7-21 所示。感知层是物联网的基础，负责探测和搜集森林火灾及林火相关因子的状况。网络层是物联网的桥梁，负责各类监测系统及上层平台之间的交互联系。应用层是物联网的终端，负责为用户提供具体的林火监测应用服务。

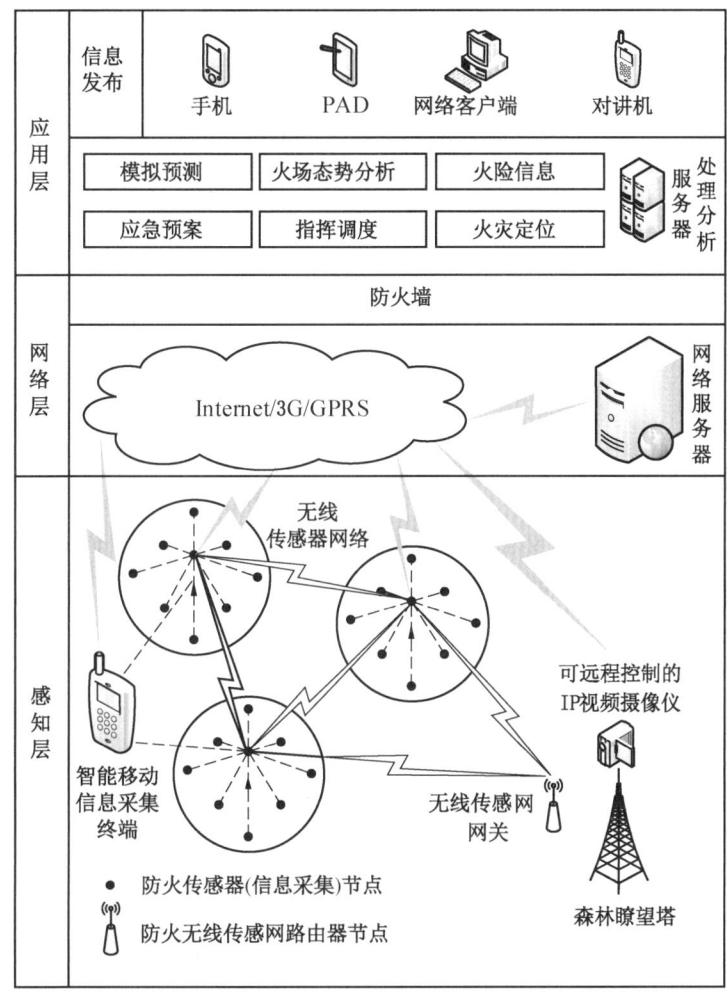

图 7-21　智能林火监测的物联网构建图

森林防火智能视频监控系统分为前端数据采集系统、网络传输系统和智能控制系统。前端数据采集系统采集林区现场数据（温度、湿度、大气压力、光亮度、视频信息），通过无线传输网络和互联网相结合的网络传输方式，将数据实时传送到监控中心服务器。监控中心服务器对上述数据进实时处理与分析，从而实现用户对林区状态的实时检测，并在发生火灾的时候，实现实时报警和火点定位，报警给相关的负责人，并在地理信息系统上实现火点标绘。然后结合已获取数据和林火蔓延模型，给出林火的发展趋势，并提取出林火发生地的地理条件、人员、物资储备、水源条件等，为制定正确的决策提供客观依据。森林防火智能视频监控系统如图 7-22 所示，包含智能数据采集、网络传输、智能数据处理（属于监控中心）和终端用户几个部分。

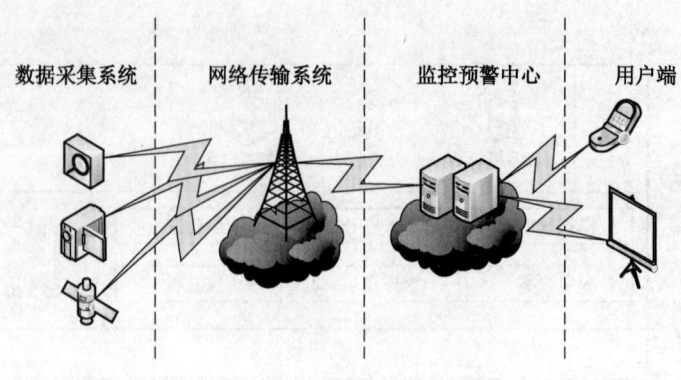

图7-22 森林防火智能视频监控系统

一、数据采集系统

根据森林防火监测的具体要求,部署传感器节点,实时进行数据采集。传感器种类主要包括温度传感器、湿度传感器、大气压力传感器等。根据实际需求,安装智能摄像机、云台设备。摄像机将在云台上进行360°的旋转,实时采集森林的视频信息,将云台的俯角、仰角信息回传给中心服务器,用于火点定位。数据采集系统如图7-23所示。

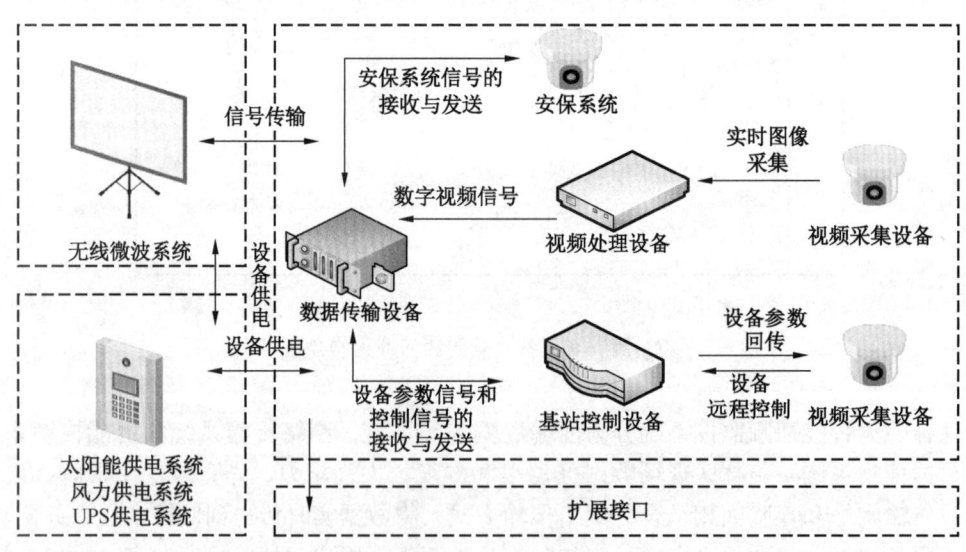

图7-23 数据采集系统

数据采集系统前端由摄像机、大焦距变镜头、智能视觉处理器、太阳能供电系统,以及避雷、铁塔和基础设施组成。摄像机用于采集监控现场的视频图像信息,然后传送到智能视觉处理器。智能视觉处理器具有视频采集,视频分析识别、产生各种动作告警并能自动处理和联动等功能。

二、传输网络系统

物联网在进行数据监测时,由于外界多种因素影响,影响因素间相互干扰,使得物联网数据收集精度、速度受到影响度,而且物联网数据传输介质也影响数据发送的成功率。传输网络系统如图7-24所示。

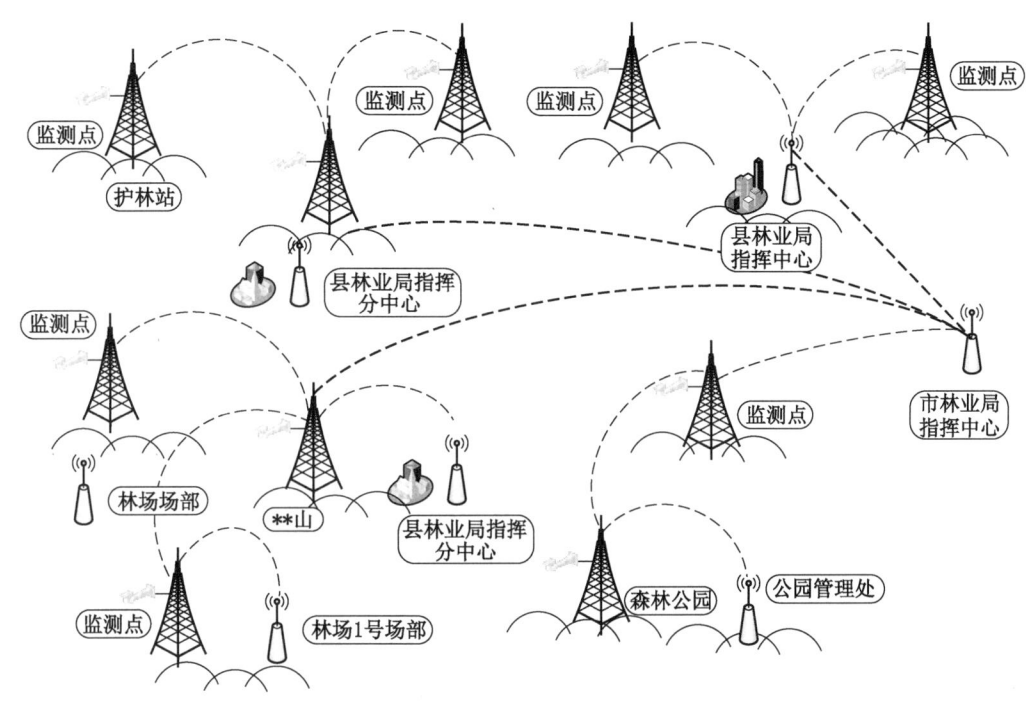

图7-24 传输网络系统

森林中的组网形式一般是通过无线和专用网络形式完成的,所有的信息经过规整,最终经互联网传回给智能控制中心。传输系统的功能是连接前端监控点和监控中心,将前端监控点的音视频信号传到监控中心,将监控中心的控制信号传输给前端监控点,以实现远程管理。其中无线介质传输不稳定,数据丢失概率大,导致数据重复发送的次数增加,影响物联网数据监测的稳定性;有线介质中有同轴电缆、双绞线,它们比无线介质更加稳定。但这些有线图像通道的描述介质数据传输速度慢,无法满足大规模物联网数据的监测要求。

光纤传感技术具有抗电磁干扰能力强、安全、稳定、数据传输速度快等优点,为物联网数据监测的应用提供了一种新型工具。各监控点的摄像机输出的视频信号,首先送给智能视频处理器,以光纤传输方式输送到监控中心。在监控中心解调出视频信号,视频信号经分配后再送给矩阵控制器,通过主、分控键盘对矩阵控制器的控制,矩阵输出的视频信号可切换到任意指定的显示设备上。

三、智能控制中心

智能控制中心是整个系统的核心，它承担着灾前预警、灾中决策支持和灾后评估三项重大功能。智能控制中心首先完成传回数据的清洗、转换、抽取和最终入库功能。然后是经过智能数据的分析处理，形成一定的图表，用于灾前预警。发生火灾的时候，它提供GIS地图支撑、趋势预警、人员设备调度等决策支持。在灾后，提供一些统计数据图表进行灾后评估。智能控制中心系统如图7-25所示。

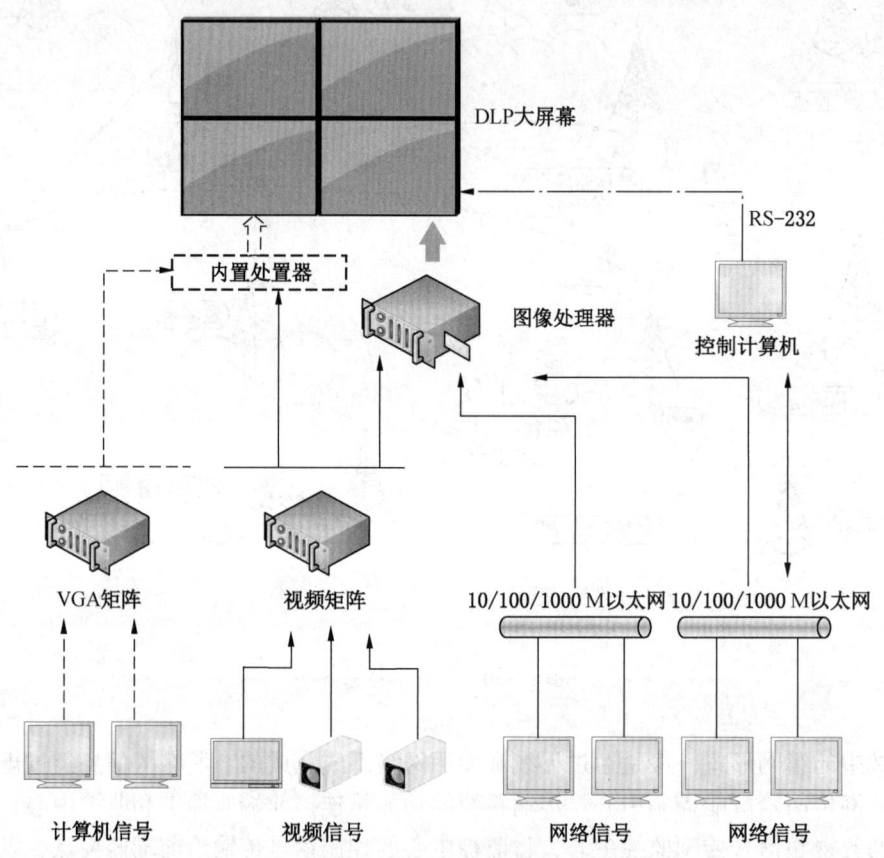

图7-25 智能控制中心系统

森林防火的预警是根据温度传感器、湿度传感器、大气压传感器等传感器传回的数据，结合森林的植被、地形、气象数据，形成森林火险预警图。而视频设备可以实时传回出森林的图像数据，并且视频设备在检测到森林中有火焰、烟雾等异常信息时，将触发预报警信息，经过再次的分析确认后，将形成正式的报警信息，发送给林业局负责人。

第三节　城市消防光纤传感技术

一、可燃气体泄漏监测

可燃气体是指城市煤气、石油液化气、汽油蒸气、酒精蒸气、天然气以及煤矿瓦斯等。这些气体主要含有烷类、烃类、烯类、醇类、苯类，以及一氧化碳和氢气等成分，是易燃、易爆、有毒、有害的气体。因此。这些气体在生产、输送、贮存和使用过程中，如违犯操作规程、设备和装置的质量不好或麻痹大意，都可能造成泄漏现象，造成燃烧爆炸，危及国家和人民群众生命财产的安全。

光纤气体传感系统是一种高灵敏度、高可靠性的可燃气体泄漏检测报警装置，该系统可以及时地发现事故隐患，避免事故的发生。光纤气体传感系统由中央控制器、传感器、光纤网络及显示软件组成，如图7-26所示。中央控制器包含所有驱动、处理、监测电器件、激光和探测器。从中央控制单元里发出的激光通过光纤网络发送到每个监测传感器。传感器里的气体部分吸收了光源，在返回的信号中加入了独特的浓度签名。所有传感器的读数每秒升级一次，在中央控制器的接收器中分析返回的信号，确定气体的浓度，记录每个监测点，触发系统监测和安全警报功能。

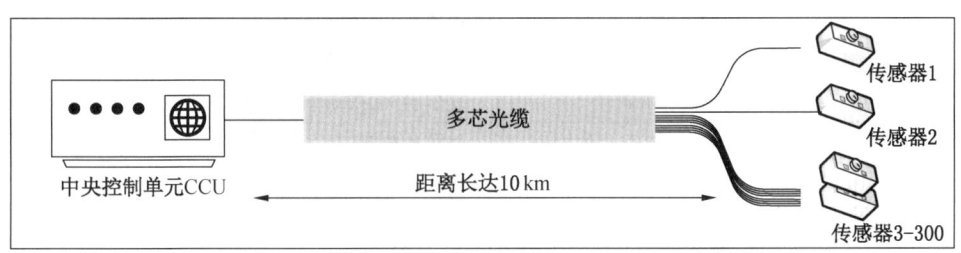

图7-26　光纤气体传感系统

可燃气体泄漏监测系统设备及参数见表7-5。

表7-5　可燃气体泄漏监测系统设备及参数

设备	参数	规格	备注
中央控制单元	运行温度	0 ~ +40 ℃	中央控制单元通常被安装在标准的办公环境中
	输入/输出信号	光学/USB	USB端输出的ASCII数据流可以连接到PC显示器和报警系统；如果需要USB信号可以转换RS232，4~20 mA
	尺寸	19"插架式	整个19"插架系统的高度取决于传感器的具体数量；每个接收器插架可以支持48个传感器；插入式的模块结构便于系统的扩展
	电源要求	115/230 V AC，50/60 Hz	只有中央控制单元需要使用电源

表7-5（续）

设备	参数	规格	备注
传感器	运行温度	-15 ~ +65 ℃	在恶劣环境下已经稳定运行了多年
	运行湿度	0 ~ 95%，无凝露	在水分蒸发后，传感器能彻底恢复正常运行
	输入/输出信号	光学的	传感器使用标准的 SC 光学接口
光网	铺设及要求	光纤网络的铺设取决于现场的实际情况及要求	使用标准的通信光缆，标准元器件及标准的光纤安装技术

可燃气体泄漏监测系统性能指标见表7-6。

表7-6 可燃气体泄漏监测系统性能指标

系统	参数	规格	备注
总体	检测方式	可调谐二极管激光器（TDLS）技术	从直接检测自动切换到波长调节光谱检测
	气体监测范围	CH_4：0.05% ~ 100% v/v	敏感度更高，也可以在同一个传感网络上监测其他气体（例如 CO_2，H_2O，C_2H_6）
	系统自检	对激光器，传感器及光网进行持续的状态监测	在控制系统可以得到完整的诊断数据；传感器被遮住90%时，系统仍能可靠运行；可以预知系统需要维护
	校准	在控制系统上可以一次性地校准整个系统	TDLS 检测技术是自我参照技术，所以校准功能稳定，不需要到安装现场去逐一校准每个传感器
性能	传感器响应时间	1 ~ 5 s	取决于传感器的设置
	系统升级时间	<1 s	安装了300个传感器的系统升级时间小于1 s（可编程）
	精确度	读数的 ±100 ppm 或 ±2%	以较高者为准
	所支持的传感器数量	300 个点以上	整个系统可以只使用一个传感器，也可以使用多个
	监测距离	从控制中心到每个传感器的距离≤10 km	也可以实现更远的距离

该系统特点包括：①通过标准的光纤电缆，可以实现数百个点的气体浓度实时监测，距离长达10 km；②中央控制单元以外的系统完全是无电源工作，属于本安产品，并与所有现行的安全标准兼容；③坚固易插拔的传感器模块响应时间快，完全不受低氧环境、催化毒气、其他气体以及湿度过高环境的影响；④插拔式模块化结构提供灵活快捷的零部件更换、系统扩展，并且还可以在同一个传感网络上监测多种气体。具有自我校准特性，它能提供固有的校准稳定性，确保整个系统只需要在中央控制器上做单一的，一次性校准；⑤中央控制器上的自动化系统自检功能可以具备潜在的控制器故障，网络故障或传感器故障预警，并允许设立预测维护协议；⑥持续的系统自检、校准的稳定性、传感器的可靠性都为用户实现低拥有成本。

二、石化消防监测

随着我国经济的发展，石油化工企业不断增加，带来了广泛的石化储罐区消防安全问题。鉴于石化储罐区特殊的火灾危险性,在罐区内设计安装火灾监控系统具有实际意义,通过远程实时在线监控手段保障生产过程安全,防患于未然。石化消防监测系统采用的是光纤光栅感温火灾探测系统,由分散式就地安装的前端设备(如油罐测温装置)构成,用多路光缆将这些前端设备连接起来构成油罐火灾监测网络,通过开关量接口连接消防火灾报警器构成油库火灾监控管理系统。采用该系统的优点是设备就地安装,省略诸多中间环节,避免潜在事故隐患。综合利用石化系统联网的信息全面的优势,加快火灾报警速度,避免石油化工行业的损失。

光纤光栅感温火灾探测系统由 FBGT112410 光纤光栅感温火灾探测器、光缆接续盒、传输光缆、PI8L18AA-A 光纤光栅感温火灾探测信号处理器组成。该系统提供被检测区域内的实时温度监测,系统可根据用户要求对被监测对象任意分区,实时监测全部温度点。光纤光栅感温火灾探测系统如图 7-27 所示。

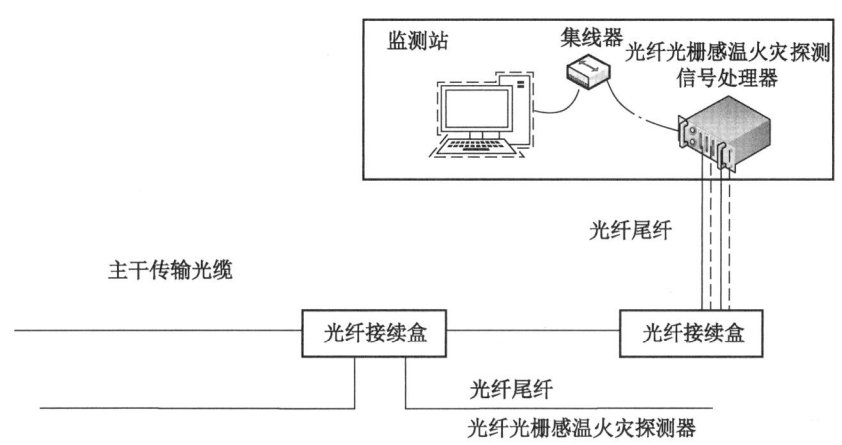

图 7-27 光纤光栅感温火灾探测系统

石化消防监测系统性能指标见表 7-7。

表 7-7 石化消防监测系统性能指标

项 目 名 称	指 标
单套系统最大监测容量	432 个温度点
系统扩容能力	可升级
通道数	1/4/8/16/24
每通道测点数	18(推荐值)
测温精度	±0.5 ℃
测温分辨率	0.1 ℃
测量时间	所有通道同步测量时间小于 1 s
响应时间	≤10 s
光纤传输距离	20 km
传输光纤类型	单模光纤

表 7-7（续）

项目名称	指标
报警触发条件（满足任一条件即报警，用户可在 0~150 ℃ 之间重新设定）	一级报警：温度超过 65 ℃（预警）
	一级报警：温度超过 85 ℃（报警）
	温升速率超过 8 ℃/min
	超过区域内平均温度值 15 ℃ 以上
报警接口	每罐独立设置一组报警信号（干接点）；RS485 或 RJ45
供电方式	DC：24 V，50 Hz
通信接口	RJ45，RS232\485，USB（可选）
显示	VGA，支持计算机 TFT 液晶显示屏
操作	外接鼠标、键盘

系统特点如下：

（1）以光纤光栅传感技术为基础，实现了无电检测，本质安全防爆，适合于各种易燃易爆场合使用。

（2）光纤光栅抗强电磁干扰、抗雷击、耐腐蚀性好，环境适应性强。

（3）光纤光栅报警后可自动恢复重复使用，监测现场的传感器免维护。

（4）光纤光栅传感器可根据实际情况设定不同的报警值，满足工程现场需要。

（5）光纤光栅可实时测量现场温度，灵敏度高、响应时间短、温度精度高。

（6）采用两级报警方式，报警温度可远程设置，有效地防止了误报警。

（7）监视位置和温度可显示，报警监视直观方便。

（8）可采用分布式测量方式，形成光纤传感网络，温度布置灵活方便。

（9）采用先进成熟的专利技术，产品性能稳定可靠。

三、地铁火灾监测

地下轨道交通正日益成为各大城市解决交通堵塞的重要手段。火灾是地下轨道交通所面临的高度危险之一，火灾一旦发生，往往会一发不可收拾，由于缺乏逃生设施及救护人员，很可能造成重大伤亡。火灾自动报警系统是为了尽早探测到火灾的发生并发出火灾警报，启动有关防火、灭火装置而在建筑物中设置的一种自动消防设施。通过设置在建筑物中的自动火灾探测装置和手动报警装置，火灾自动报警系统可以在火灾发生的初期自动探测到火灾，并通过警报装置发出火灾警报，组织人员撤离，同时启动防烟、排烟及防火、灭火设施，以便于人员撤离，防止火灾发展和蔓延，控制和扑灭火灾。

光纤光栅地铁火灾监测系统采用通信技术、微处理器技术、数字化温度传感技术。该系统是一种高可靠性的分布式在线监测系统，其中控制系统由主控（控制中心）和分控（车站、车场、车辆段）两级管理。在控制中心设防灾监控中心，负责监视全线防灾设备的运行状态、接收报警信号、发布救灾指令等。车站防灾监控负责接收车站的灾害报警，及时与指挥中心联络，并接收中心防灾指令，控制设备。光纤光栅地铁火灾监测系统如图 7-28 所示。

第七章 光纤传感技术工程防灾减灾应用

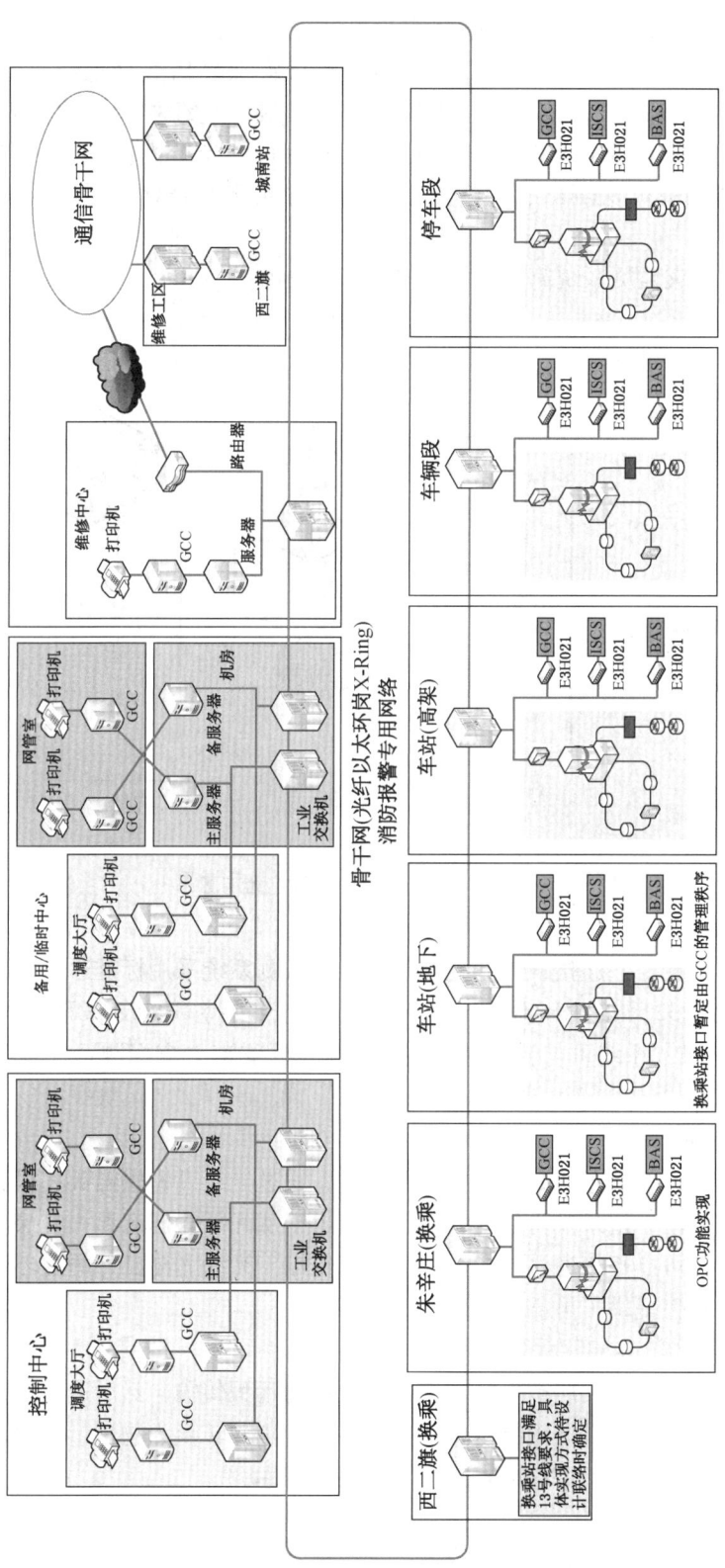

图 7-28 光纤光栅地铁火灾监测系统图

光纤光栅地铁火灾监测系统采用全数字化网络结构，提高了整个系统的抗干扰能力。系统为星型网状拓扑结构，通过光纤光栅温度火灾探测信号处理器将系统与分布于隧道内的传感器连接起来，易于安装维护与系统拓展。光纤材质传输与光纤传感器监测，现场完全无电保证系统能在恶劣环境下可靠运行。光纤光栅地铁火灾监测系统主要由光纤光栅感温火灾探测器、光纤光栅感温火灾探测信号处理器以及信号传输光缆等几部分组成。

光纤光栅地铁火灾监测系统简化结构如图 7-29 所示。

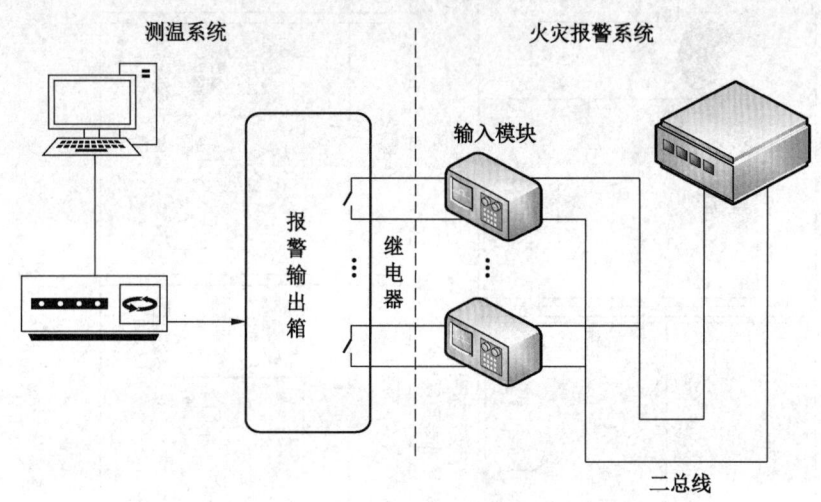

图 7-29　光纤光栅隧道火灾探测系统示意图

为了与其他系统更好地连接，光纤光栅地铁火灾监测系统采用标准通信接口和通信协议：RS-485、RS-232 和 ETHERNET IEEE802.3 规范，支持 IPX 及 TCP/IP 协议，由于采用 ETHERNET 标准，系统可与管理网互连。光纤光栅隧道火灾探测系统方案包括以下相互关联的子系统。

1. 传感器与传输系统

该系统应用先进的准分布式光纤光栅传感技术，通过光纤光栅感温火灾探测器，将被测的温度量值转换成便于记录及再处理的光信号。由于从光纤光栅感温火灾探测器输出的信号为光信号，所以可以直接通过光缆进行远距离传输。光纤光栅良好的耐环境性能也为隧道长时期的安全监控提供了可靠的保障。

2. 数据采集系统

光纤光栅感温火灾探测器所产生的光信号经光缆的远程传输，然后通过放置在监控室的光纤光栅温度火灾探测信号处理器直接进行数字量识别并转换为物理量，记录的数据可以在计算机终端显示、记录、保存或直接进入监测数据库。

3. 监测管理系统

该系统使各种不同类型的数据通过恰当的组织被有效地储存起来。在保证必要信息储存的前提下，尽量减少数据冗余度。该管理系统能方便地从数据量系统中获取数据，同时数据可以被不同用户方便地调用。

该系统具有如下特点：

(1) 用光纤光栅火灾报警系统隧道的温度进行实时监测。

(2) 报警区域可以任意划分，可划分的分区总数大于100个。

(3) 可对每个测温区域设定预报警、火灾报警和温升速率报警。

(4) 监测软件正常显示画面为现场模拟分布图，出现报警时自动切换至故障信号所在的分画面，并显示故障区域实时温度、曲线等。

(5) 能显示每个区域的温度情况、实时曲线、历史曲线，可方便查询任一时段历史数据。

(6) 系统整体测温时间小于2 s。

(7) 系统可记录三年内各测温区域历史数据。

(8) 系统具有良好的数据传输性能、抗电磁干扰性，能够在高压、潮湿及粉尘较多的环境下稳定可靠运行。

(9) 发生报警时除了微机屏幕显示外，还能通过继电器干触点上传报警信息到火灾报警系统，实现火灾报警联动，确保实现无人值守。

第四节　危化品监测光纤传感技术

一、储油罐区监测

储油罐区是重点火灾防范区域，一旦发生火灾可能造成全厂停产或重大人身伤亡，在石化企业集中的区域还会给临近企业造成重大生命财产损失。如何及时监控和识别火灾，如何提升扑灭初起火灾能力，如何保证油罐区内的安全，防止和减少各类事故的发生是管理工作的首要任务。储油罐区火灾发生的主要原因是在一定的着火条件下，如可燃物泄漏并达到一定的浓度，存在着点火源（如冲击和摩擦、静电火花、电气火花、雷击和明火等），在沿海多雷区还要考虑雷暴天气，雷击对储罐的影响。近些年来，储油罐区事故频繁出现，大型储油罐着火事故频繁发生。

电类传感仪器用于诸如油气罐、油气井、油气管等地方的测量存在不安全的因素。为克服传统的电类传感器的局限性，从二十世纪七十年代开始，国际上出现了光纤传感器。众所周知，光纤在通信技术中主要用于长距离传递信息，但是，光纤不仅可以作为光波的传播媒质，而且光波在光纤中传播时表征的特征参量振幅、相位、电场、位移、转动的作用而间接或直接地发生变化，从而可以将光纤用作传感元件来探测各种物理量。以光栅技术制备的光纤光栅温度传感器除了具有普通光纤传感器的许多优点外，还有一些明显优于一般光纤传感器的特征，其中最重要的就是光纤光栅传感器是数字式，它的传感信号为波长调制，其优点在于：①测量信号不受光源起伏、光纤弯曲损耗、连接损耗和探测器老化等因素的影响；②避免了一般干涉型光纤传感器中相位测量的不清晰和对固有参考点的需要；③能方便地使用波分复用技术在一根光纤中串接多个布喇格光栅进行分布式测量；

④由于光纤很细、柔软，很方便粘贴或埋设在被测物内部进行直接测量；⑤能进行远程监测；⑥灵敏度高，可靠性强。

光纤储油罐监测系统（图7-30）用于储油罐区的监测，光纤光栅是将外界环境变化量（如温度、应变等）转化为波长漂移量来实现传感，通过检测光栅反射的中心波长移动，即可实现对外界温度和应力等参量的测量，如图7-30所示。当外界参数变化，光纤光栅的布拉格中心波长发生漂移，平面波导光栅解调和光电转换完成之后，数据采集系统采集到波长变化，微处理器得到电信号之后转换成温度信息。

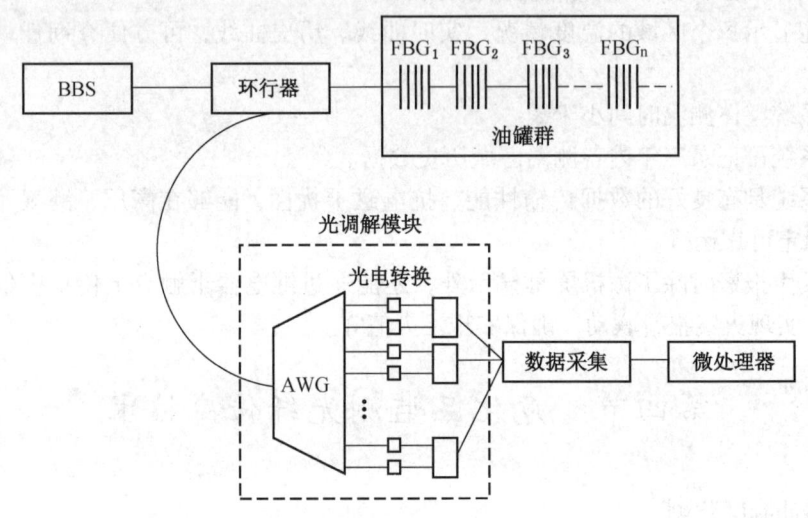

图7-30 光纤储油罐监测系统

二、甲烷监测

全球经济的高速发展和人类科技的巨大进步，使人类消耗能源的速度呈指数形势增长。目前使用的清洁能源为太阳能、风能、潮汐能、核能，化石能源为煤、石油和天然气。

当光照射到气体时，气体分子会因为吸收或者释放能量而发生能级的跃迁，这种跃迁的过程被称为光谱吸收。光谱吸收理论正是利用这一特性来研究气体浓度的。分子结构不相同导致每种分子吸收的光子频率不一样。分子的光谱来自于分子内部转动能量、振动能量和电子能量的变化，这些的变化体现了分子在不同能级的跃迁状态。甲烷分子的振动光谱有明显的谱带特征。当激光的频率处于分子的某一个电子吸收带内时，分子对入射光的吸收强度会大大增强，分子吸收该频率光子后，会跃迁到电子激发态，但激发态不稳定，分子会通过自发辐射的形式回到电子基态（即稳态）。入射光和出射光的能量差反映了分子内部的光谱信息。因此可以通过测量被吸收的光的波长和强度，进而得到待测气体的浓度。

分布式光纤传感方法用于气体检测相较于常规的化学方法具有许多优点：对气体浓度

测量灵敏度高、可定点检测、遥测距离远、响应速度快等。光纤和气室结构轻巧，易于大规模布置。光纤柔性好，工作过程中无电化学反应，能在危险环境中稳定工作。信号在光纤中传输损耗小，且不易受电磁干扰，适合长距离传输，为远距离遥测提供了方便。信号在易燃易爆环境中采用纯光传输，没有电传输，抗燃抗暴性好。

甲烷监测系统如图7-31所示，光源发出周期性的脉冲信号，经环形器和分光器之后，一部分到达反射气室，一部分继续向后传播。到达反射气室的那一路光被反射后原路返回，经环形器被光电探测接收转换为电压信号。电压信号经锁相放大后提取二次谐波。此二次谐波的峰峰值与被测气体浓度呈线性关系。由于有多个反射气室，所以光电探测器会接收到多个返回脉冲信号。因为每相邻的两个分光器之间用单模光纤连接，这样每个返回信号因为光程不同，返回的时间也不同。通过返回时间来标记检测气室。

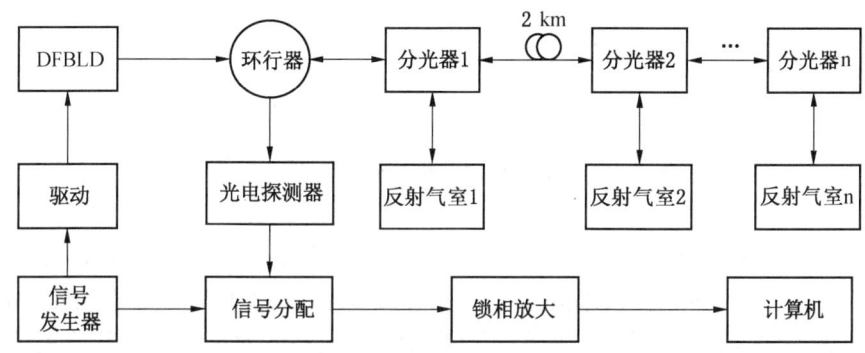

图7-31 甲烷监测系统

甲烷监测系统包括波形发生器、激光驱动电路、光源、分光器、光环行器、检测气室、光电接收和放大电路、信号分配电路、锁定放大与解调电路。根据各部分的功能可以分为3个子系统，分别是信号调制与驱动系统、信号传输与转换系统、信号解调与显示系统。

该系统光路部分作为传光和传感媒介是整个传感网络的重要部分。光路部分由窄带光源、环行器、分光器、反射气室组成，如图7-32所示。甲烷气体光纤传感网络光路中窄带光源发出激光脉冲，通过环行器、分光器1分为两束波长相同的光I1和I2，如图7-32所示。分光器1的分光比为1:$(n-1)$，分光器2的分光比为1:$(n-2)$，n为传感网络中气室的数量。下面以3个吸收气室为例，对光的传播路径进行说明。一部分光I1进入气室1，另一部分光I2继续向后传播。光I2进入分光器2分为光I3和I4，I3进入气室2，I4继续向前传播。光I4进入分光器3分为光I5和I6，I5进入气室3，I6继续向前传播。进入传感气室1、2、3的光I1、I3、I5经甲烷气体吸收后被原路反射回来，由环行器射出，被光电探测器接收。因为光经过3个气室反射回来的光程不同，所以能够接收到3个不同幅值的脉冲信号。把脉冲信号与入射光I1、I3、I5进行分析计算，可以得到3个点出的甲烷气体浓度。

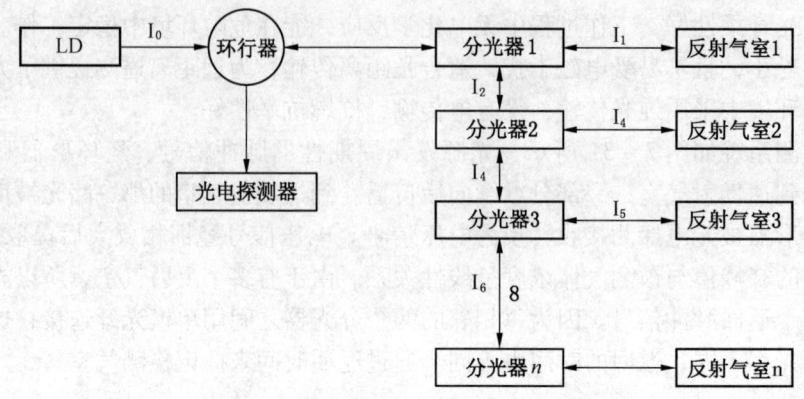

图 7-32 甲烷监测光路部分系统

第五节 煤矿安全监测光纤传感技术

我国 95% 的煤矿开采是井工作业，煤矿安全形势十分严峻，煤矿事故多，百万吨死亡率一直居高不下，与先进采煤国的差距一直较大。煤矿生产中存在着多项安全问题：自然储存条件复杂多变，对煤炭技术定位不够准确，煤矿技术水平低下，从业人员素质低，工程技术人员缺口多，安全技术装备不足，事故后处理不完善。

据统计，当前大型煤矿机械化水平达到 95% 以上，机电设备是进行煤矿生产的重要基础设施，在煤矿企业使用量大、种类繁多、分布广泛，预计煤矿机电设备的总值占固定资产的 60% 以上，因此对煤矿机电设备的维护工作是煤矿设备管理中十分重要的一环。近年来煤矿由机电事故引起的事故也较为频繁。

煤矿机电设备主要包含提升机、压风机、采掘设备、支护设备、运输、供电、安全监测设备及瓦斯抽放设备。目前国内外煤矿对机电设备基于状态监测与故障诊断技术的研究，对机电设备提出了很多新的诊断方法及监测设备，特别是对振动信号的检测处理分析，理论基础已经基本成熟，诊断结果的精确度也越来越高。振动是反映机电设备运行的最主要的参数，可直接在最短的时间周期内反映出机电设备的运行状态，据统计 70% 以上的设备运行故障都以振动表现出来，是机电设备运行状态特征的本质反映。机电设备的温度是另一个表征，机电设备温度过高可能引发电路、电缆接头、电缆、机电设备本身元器件的火灾。

由于光纤类传感器有抗电磁干扰、体积小、灵敏度高、易于组网、传输距离远、本质安全等独特优势，已经受到越来越多的关注。由煤矿机电设备安全状态监测的实际需求出发，研究开发具有煤矿应用特色的传感器、仪器以及系统。目前在煤矿安全监测中主要运用了以下几种光纤传感技术：①基于光纤光栅的物理量监测原理，研制出光纤光栅温度、矿压、液压支架液压、液压支架位移、振动、微震、顶板离层、锚杆应力传感器；②基于拉曼散射的分布式温度监测原理，研制出光纤采空区温度监测、皮带机温度监测系统；③基于可调谐激光光谱吸收的气体监测原理，研制出光纤/激光甲烷、一氧化碳、二氧化碳、乙烯、乙烷、氧气等多种气体传感器及相应解调设备，应用于关键工作区、采空区气体参数的实时监测。

光纤光栅是在光纤本身做微处理，可以理解为在光纤的一段有限长度内刻上许许多多的小镜子，刻刀是紫外光。这些小镜子可使光纤光栅反射一部分光。这个反射光是有选择性的。每一个光纤光栅反射一个特定波长的光，这个波长叫作 Bragg 波长，故光纤光栅又被称为 Bragg 光纤（FBG）。光纤光栅中，上面提到的小镜子构成的空间周期为 Λ，具体 Bragg 波长计算如下：

$$\lambda_B = 2n_{eff}\Lambda \tag{7-24}$$

式中，λ_B 是 Bragg 光栅波长，n_{eff} 是光栅的折射率，Λ 为光栅空间周期。

由式（7-24）可知，Bragg 波长是随 n_{eff} 和 Λ 变化的，变化量 $\Delta\lambda_B$ 为

$$\Delta\lambda_B = 2(n_{eff}\Delta\Lambda + \Delta\Lambda n_{eff}) \tag{7-25}$$

Bragg 光栅对应力、温度有着非常灵敏的感应，应力引起光栅空间周期的变化和弹光效应，温度则是热膨胀与热光效应，即

$$\Delta\lambda_B = 2\left(n_{eff}\frac{\sigma\Lambda}{\sigma T} + \Lambda\frac{\sigma n_{eff}}{\sigma T}\right)\Delta T + 2\left(n_{eff}\frac{\sigma\Lambda}{\sigma l} + \Lambda\frac{\sigma n_{eff}}{\sigma l}\right)\Delta l \tag{7-26}$$

式中，T 为温度；l 为光栅本身的长度。进一步换算得

$$\Delta\lambda_B = \lambda_B\left(\frac{1}{\Lambda}\frac{\sigma\Lambda}{\sigma T} + \frac{1}{n_{eff}}\frac{\sigma n_{eff}}{\sigma T}\right)\Delta T + \lambda_B\left(\frac{\sigma\Lambda}{\Lambda}\bigg/\frac{\sigma l}{l} + \frac{\sigma n_{eff}}{n_{eff}}\bigg/\frac{\sigma l}{l}\right)\frac{\sigma l}{l} \tag{7-27}$$

$\frac{\sigma\Lambda}{\Lambda} = \frac{\sigma l}{l} = \varepsilon$ 为光栅所产生的应变，式（7-27）可写成：

$$\frac{\sigma\lambda_B}{\lambda_B} = \alpha\Delta T + \zeta\Delta T + \varepsilon - P_e\varepsilon \tag{7-28}$$

光栅波长的变化由等号右面的几项决定，第一项为温度热效应引起的光栅空间周期变化，第二项为热光相应，第三项为应变，第四项为弹光效应。由以上各式可以看出，温度应变的变化均会引起光纤光栅波长的变化。

通过其他的机械结构结合，如悬臂梁结合，可制作位移传感器；在表面涂覆氢敏材料，可制作氢气传感器；涂覆湿敏材料，可制作湿度传感器等。光纤光栅由光纤而来，可通过光纤的本质属性，组成传感器网络，容量极大。

激光照射到物质上会发生散射，散射光中与激光波长相同的弹性部分称为瑞利散射，与激光波长不一致的部分称为拉曼散射。拉曼散射中波长比原激光波长长的部分称为斯托克斯光，比原激光波长短的部分称为反斯托克斯光。其中反斯托克斯光对温度的变化有着比较好的相应，一般使用对温度不敏感的斯托克斯光作为参考光，以反斯托克斯光为检测光，做差分处理，消除温度以外因素的影响。通过 APD 对信号进行放大处理，并对数据进行处理，计算得出温度的变化，如图 7-33 所示。

光时域反射技术（OTDR 原理）就是利用光在光纤中产生的背向散射的时间与光速算出距离的理论基础。在分布式温度测量中同样适用，可同时检测被测光纤中的温度与位

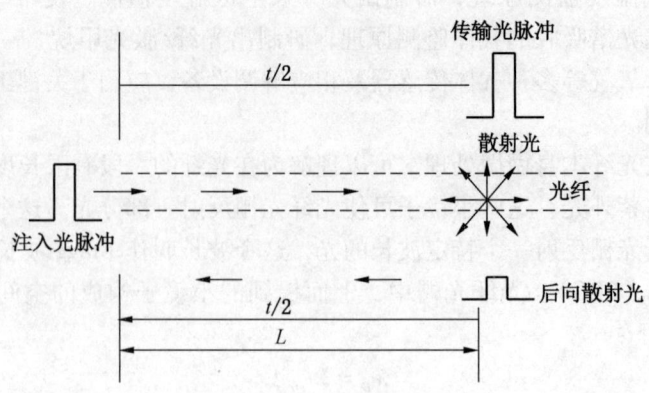

图 7-33　光纤后向散射原理示意图

置,如图 7-34 所示。光在光纤中有一定的传播速度,具体传播速度由光纤材料的折射率决定,拉曼散射中的反射光到入射端的时间可以通过采集卡进行采集,假设这个时间为 t,反射点到入射端的距离为 L,光总共的光程为 $2L$,光纤光栅中传输速度为 V,光纤材料的折射率为 n,真空中光速为 c,则有以下各式:

$$2L = Vt \tag{7-29}$$

$$V = \frac{c}{n} \tag{7-30}$$

在工程应用中,光纤时域反射仪广泛应用于通信行业,如光缆线路的维护、施工;可检测出光缆长度、光缆传输衰减率、接头衰减、故障断点等。在煤矿光纤分布式测温系统中,如在煤矿采空区检测中,可检测采空区内部的温度、距离,进而分析出采空区"三带"的分布以及采空区顶板垮落砸断测温光缆的位置;在皮带机、电缆的监测中,可对温度异常处进行定位排查,预防火灾的发生。

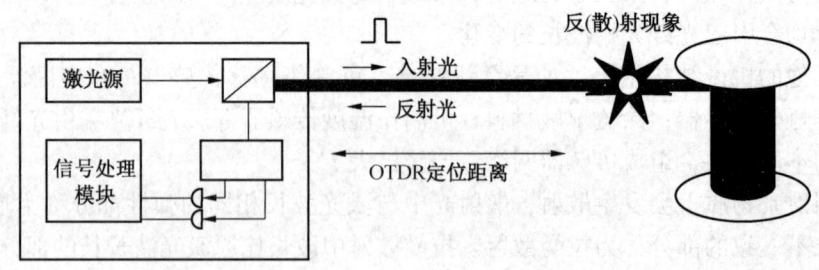

图 7-34　分布式光纤测温原理示意图

当光通过任意介质时,除了会发生反射、折射、衍射现象,其性质也会发生变化。主要是光波与介质中的原子分子的作用使得光波的吸收、散射发生变化。对气体而言,气体分子的散射可以忽略不计,仅考虑气体分子吸收对光波的影响。利用此特性可以制作基于光吸收类气体传感器,如图 7-35 所示。

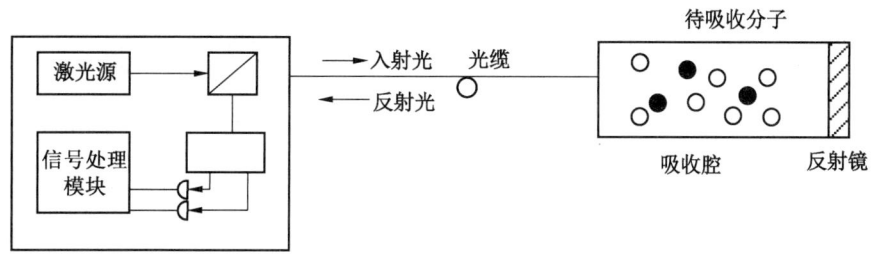

图 7-35 光纤气体检测原理示意图

可调谐半导体激光吸收光谱(Tunable Diode Laser Absorption Spectroscopy,TDLAS)技术是 20 世纪 70 年代由 Hinkley 和 Reid 提出,用来实现气体分析。由于大部分有害气体在近红外光谱区都有明显的光谱吸收特性,认真研究各个有害气体的吸收光谱,利用光谱吸收技术进行气体浓度的检测将具有明显优势。近年来快速发展起来的可调谐半导体激光吸收光谱技术是一种能实现高灵敏度、实时、动态测量的痕量气体检测技术,利用激光二极管的波长扫描和电流调谐特性对气体进行测量,具有高选择性、监测速度快、灵敏度高等优点。

在煤矿中,利用激光光谱吸收的方式制作成的气体传感器主要分为两种:一种为有源型激光气体传感器,主要根据现有的煤矿安全规程要求,具备现场显示、报警等功能,优点是免标校,测量准确,灵敏度高;另一种为无源型光纤气体传感器,主要可对煤矿无法用电的区域进行远距离气体监测,通过光缆上传至采集设备中,这个设备的距离可以是 10km 并直通井上,在井下断电应急情况下仍然可以检测井下气体浓度,为应急救援等提供数据支持。

第六节　管道渗漏监测光纤传感技术

随着工业生产规模的不断扩大,管道运输广泛应用于油气能源的长距离运输、城市供水系统、农业灌溉,以及近年来兴起的核电、化工等领域。管道所处工作环境的复杂性与危险性对管道运营提出了更高的要求。在管道长期工作的过程中,受到环境影响而导致的热胀冷缩、腐蚀生锈、地质运动、施工挖掘等,管道十分容易出现渗漏、损坏、断裂等问题。如果管道发生严重的渗漏或断裂,将造成资源浪费,影响人民生产生活。一旦化工、核电、油气等领域管道发生泄漏,就会给环境带来不可逆的损伤,严重的还会导致重大安全事故,造成人员伤亡。

面向管道渗漏检测的光纤传感技术得到越来越多的关注,分布式光纤拉曼传感系统应用于管道渗漏的总体结构如图 7-36 所示。其中关键器件包括光纤脉冲激光器、波分复用器、雪崩光电探测器、数据采集卡、计算机和传感光纤 6 部分。

分布式光纤拉曼传感系统的主要工作步骤如下:由计算机给脉冲激光器发出指令,使

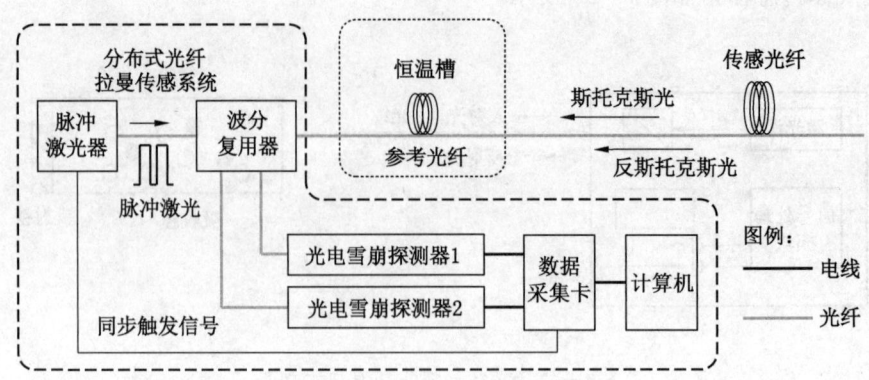

图 7-36 分布式光纤传感器系统硬件结构示意图

脉冲激光器产生周期性的脉冲激光，产生的激光脉冲经过波分复用器耦合进入传感光纤。激光脉冲在传感光纤内传播的过程中与光纤内部物质相互作用，产生多种不同频率的后向散射光。所有产生的后向散射光经过传感光纤进入波分复用器，波分复用器根据后向散射光不同的中心频率将它们进行分离，并筛选出斯托克斯光与反斯托克斯光。两束光随后分别进入不同的雪崩光电探测器。雪崩光电探测器将接收到的光强度转换为模拟电信号，并通过其中的放大电路将模拟信号放大。经过放大的电信号进入到数据采集卡中进行模数转换，之后，由数据采集卡的硬件进行累加平均。最后，将数字信号上传到计算机中，由计算机对接收到的数字信号进行解调处理后得到最终的温度曲线。

波分复用器（Wavelength Division Multiplexer）可以将多个不同波长的光组成复合光耦合进入光纤，也可以将复合光中不同波长的光进行分离。在分布式光纤传感系统中，传感光纤任意位置处产生的后向散射光包括多种不同波长的光。因此，传感光纤中的后向散射光需要先进入波分复用器中，将系统需要的斯托克斯光与反斯托克斯光过滤出来。根据拉曼散射原理分析，当入射光的中心波长为1550 nm时，拉曼散射产生的斯托克斯光的中心频率为1650 nm，反斯托克斯光的中心频率为1450 nm。由于拉曼后向散射产生的斯托克斯光与反斯托克斯光强度很低，为了保证波分复用器的光信号过滤效果，波分复用器的隔离度需要尽可能高。

雪崩光电探测器是分布式光纤拉曼传感系统中将光信号转换为电信号的关键装置。其主要功能是将微弱的光信号转换为电信号并进行放大，以方便后续的数据处理工作。由于后向拉曼散射产生的斯托克斯光与反斯托克斯光的强度十分微弱，这就要求光电转换系统有非常高的灵敏度，同时系统噪声需要维持在较低水平。普通的光电探测器无法满足上述需求，因此，在分布式光纤拉曼系统中应当采用雪崩光电探测器。

数据采集卡（Data Acquisition Card）是分布式光纤拉曼系统中将模拟电信号转换为计算机可以处理的数字信号的关键设备。雪崩光电探测器可以将连续的光信号转换为连续的模拟信号，但是模拟信号在计算机中无法被直接接收与处理，因此需要数据采集卡来完成信号的模数转换。除此之外，数据采集卡还可以完成对数据的累加平均等简单预处理。

传感光纤的主要作用是作为传感介质。当传感光纤处于不同的温度环境下时，传感光纤自身的温度也会随之改变，并影响到在相应位置处的拉曼后向散射光的强度。单模光纤纤芯较细，一般纤芯直径为 9~10 μm，仅能传输一种模式的光。虽然单模光纤中光传输的损耗很小，适合长距离传输，但是由于纤芯较细，功率密度大，导致容易产生受激拉曼散射。与之相对，多模光纤纤芯较粗，可以达到 50~62.5 μm。虽然它的传输损耗更大，传输距离较短，但是由于其功率密度小，不易发生受激拉曼散射，可以通过提高入纤光功率来有效弥补损耗较大这一缺点。

结合管道渗漏检测应用的实际需求，选择符合需求的各个部件，将它们进行整合，最终使得整个分布式光纤拉曼传感系统可以正常运作，且各项技术参数符合项目需求。为验证样机性能，对搭建好的分布式光纤系统进行测试。图 7-37 所示为系统性能测试实验的装置示意图，该结构主要用于对搭建的分布式光纤拉曼传感样机性能进行测试，图中恒温槽的主要作用是在传感光纤上提供一个明显的温度变化区域，放置的具体位置随着具体实验的要求而改变。

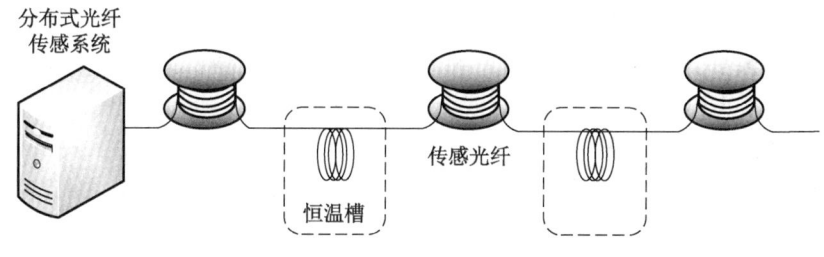

图 7-37 实验装置示意图

为满足在实际工程应用中的各种需求，整个应用软件运行的效率以及具体包含的功能，对软件系统的整体设计将十分重要。首先，分布式光纤传感系统需要一个直观的温度监控显示界面，且温度显示界面与二维图像实现映射；其次，需要对采集到的温度数据进行批量的查看分析与管理；最后，为方便工程人员使用，系统需要围绕主要功能进行外部拓展，包括简洁美观的用户操作界面、流畅的系统操作体验等其他辅助性功能，如图 7-38 所示。

根据以上要求，该软件系统主要包括数据采集与处理模块、报警模块、二维空间显示模块、数据采库模块和辅助功能模块 5 个部分，如图 7-38 所示。

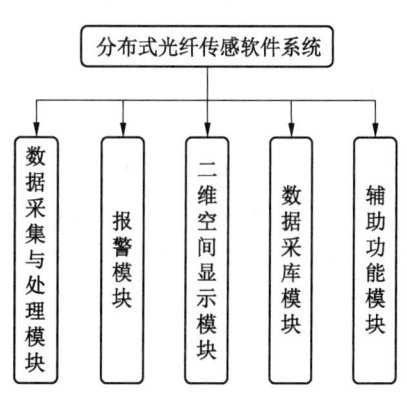

图 7-38 软件结构

信号采集解调模块主要包括采集卡驱动程序、信号去噪程序、温度解调程序三个部分。其主要功能是在主程序的调控下，驱动采集卡工作，获取经过采集卡累加平均后的斯托克斯光与反斯托克斯光的强度信号，通过小波去噪的方法滤除噪声，提高系统信噪比，最后通过温度解调公式进行计算，获得相应的温度信息。

二维空间可视化系统主要通过图形显示控件以及绘图控件实现。其中图形控件的主要功能是加载管道所在区域地图，通过绘图控件将管道具体位置绘制在地图上对应的位置。建立"距离—空间"的坐标映射关系，使传感光纤上的每个数据点与空间坐标对应。具体方法为，根据传感光纤铺设情况计算出"距离—空间"坐标的函数关系，并将这种函数关系保存在软件中。当系统检测到管道渗漏并发出警报时，系统首先获得警报位置在传感光纤上的距离信息，接下来利用函数关系即可计算出具体的空间位置，最后在地图中对应位置处显示警报标记。

在历史查询界面中，除了对所有历史数据进行查询之外，还可以设置相应的查询条件来查询特定数值。主要的条件筛选方式包括三种：①通过采集时间查询，即在一定时间范围内进行筛选，将该时间区域内所采集的数据全部筛选出来，显示在下方的列表中；②利用位置进行查询，获取传感光纤上任意位置处的温度随时间变化的曲线；③根据单次测量中触发的警报次数，设定报警次数阈值，当单次测量的报警次数超过这一阈值的时候，就被筛选出来，显示在下方的表格。需要查询具体某一次的检测数据时，可以通过表格选择想要查询的相应数据，之后点击右下角的"显示详情"按钮，就可以查询相应的检测数据。

面向管道渗漏检测的分布式光纤传感系统具有以下特点：

（1）分布式光纤拉曼传感系统的传感距离达到 10 km，温度误差在 ±1 ℃以内，系统的空间分辨率为 1.65 m。

（2）实现历史数据查询与导出功能，完成多线程工作等辅助功能，系统使用的便捷，人机交互友好。

（3）基于分布式光纤拉曼系统的动态阈值检测方法可以有效识别管道发生的渗漏并准确定位渗漏位置，其空间定位精度可以达到 1 m。

第七节　电力监测光纤传感技术

风灾对于电力系统的影响主要表现在野外输电线路上。作为重要的生命线工程，输电线路长期于野外环境恶劣地区服役。此外，输电线路具有塔体高、跨距大、柔性强等特点，对风荷载（特别是强烈台风）极为敏感，容易发生由于风振作用下的损伤破坏甚至断裂损毁。因此，进行输电线路实时状态监测，对于保障电力系统的安全稳定运行和促进国民经济的发展具有重要意义。

光纤传感器以光学信号为传输媒介，可实现对外界被测信息的实时、高灵敏度传感和长距离信号传输。此外，光纤传感器具有结构小巧、灵敏度高、抗电磁干扰、绝缘性好、响应速度快、耐腐蚀、安全，以及便于多点组网等优点，为现代传感技术的发展提供了新的方向，适合应用于传统电子传感器受限的电力输电系统。倾斜光栅光纤作为光栅光纤的一种，其光纤轴向与折射率调制平面存在一定的夹角。而这一倾斜角不但使倾斜光纤光栅可以像普通光纤光栅一样将满足布拉格条件的前向传输纤芯模反射回去，还可以激发满足一定相位匹配条件的反向传输的包层模。因此，倾斜光纤光栅不仅拥有布拉格光纤光栅的优点，可用于温度、应力等物理参量的测量；还同时具有长周期光栅的优点，可以测量周围环境折射率的变化。

当入射光进入倾斜光纤光栅时，除了满足布拉格条件的向前传输纤芯模式会和背向传输的纤芯模发生耦合外，此外满足相应的相位匹配条件的向前传输的纤芯模式会与后向传输的包层模式发生相应的耦合，从而激发出沿着后向传递的包层模式。因此，从 TFBG 的透射谱上观察可以发现，光谱除了有很强的布拉格反射峰之外，同时在包层模式中还伴随有满足不同相位条件的谐振峰出现。

新型传感器是坚固耐用且经济高效的反射式加速度计，包含一个刻在细芯光纤（TCF）纤芯内的倾斜光纤光栅（TFBG），它与标准单模光纤（SMF）同轴拼接，如图 7-39 所示。TCF 和 SMF 之间的标准熔接接头确保了向后传递的包层模式的光高效地重新耦合回向后行进的纤芯模式中。传感器在机械上足够坚固，可以可靠地承受预期的振动加速度。

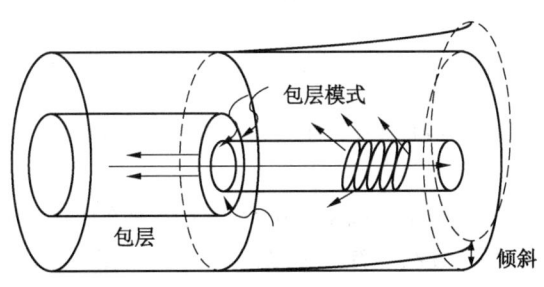

图 7-39 TCF-TFBG 光纤振动传感器结构示意图

倾斜光纤光栅刻写在细芯光纤的纤芯中（$\Delta n=0.1\%$ 渐变折射率的芯/包层结构，芯/包层半径为 2.5/62.5 μm）。TFBG 使用与标准 FBG 相同的工具和相位掩模技术制造，但使用参考中描述的装配倾斜刻写技术。我们使用紫外准分子激光器，波长在 193 nm，脉冲能量为 3.5 mJ，脉冲频率为 200 Hz。刻写的光栅周期为 540 nm，倾斜角为 4 度。总光栅长度为 1~2 cm，布拉格纤芯模式共振波长约在 1550 nm。在光纤中增加氢的负载，细芯光纤纤芯的光敏性相对于未负载氢的光纤大大提升，以此提高刻写效率。因此，我们能够在细芯光纤的纤芯中轻松刻写反射率大于 90% 的倾斜光栅光纤。接下来，将细芯光纤同轴熔接到单模光纤上，传感器端头和倾斜光纤光栅之间的距离为 2~3 mm，接口的损耗小于 0.5 dB。尽管在向后传播方向上的光在包层中将激发许多包层模式，但只有低阶包层模式可以重新耦合回输入的单模光纤中。光栅末端的光纤长度需要仔细选择，因为它的功能是用作惯性质量，它主导传感器的机械共振频率及其幅频响应。因此，传感器的机械共振频率可从几十到几百赫兹进行调谐。值得注意的是，整个过程中需要消除细芯光纤端面的反射，因为这种反射会使部分宽带光返回到监测系统中，降低测量的动态范围。

光纤振动传感系统使用掺铒放大的自发辐射宽带光源（BBS）的光进行传感器的初始表征，该光源通过光环行器将光发射到单模光纤（SMF）中。来自倾斜光纤光栅（TF-

BG）的反射光谱被 3 dB 耦合器分开，接着是两个带通滤波器（BF）和两个功率检测器（PD），分别用于纤芯和包层的光功率测量。纤芯模式共振峰和包层模式的反射特征在图 7-40（虚线边框内）中表示。在纤芯模式检测支路中加入可调谐衰减器，以近似均衡传递给纤芯模式的反射光的光功率。

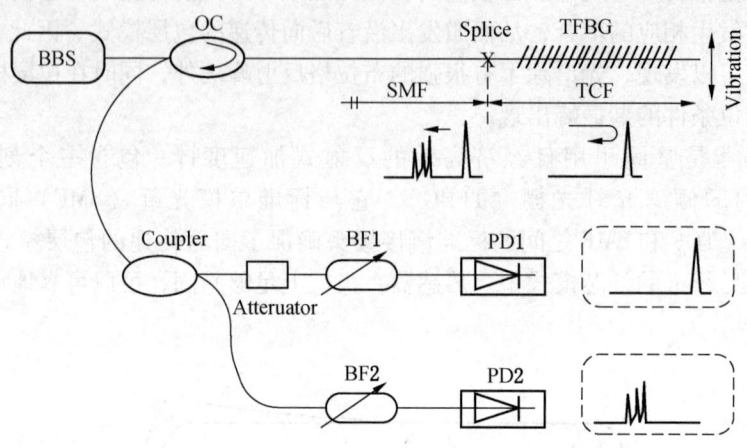

图 7-40　TCF-TFBG 振动传感系统示意图

倾斜光纤振动传感系统应用于中国南方电网有限公司在中国广东省湛江市运营的输电杆塔进行现场实验。杆塔的位置在北纬 109°东经 20°，如图 7-41a 中的黑白点所示。选择该地区的原因是，该地区每年都会遭受破坏性的季风和飓风，这类风正是影响杆塔健康的主要因素。例如，2014 年 7 月 10 日，超级飓风 Rammasun 的登陆点和运动路线（图 7-41a 中的浅色路线）非常接近此次实地测试的 220 kV 输电线路（图 7-41a 中的深色路线），这次登陆对当地的输电杆塔造成了严重损坏和巨大的经济损失。图 7-41b ~

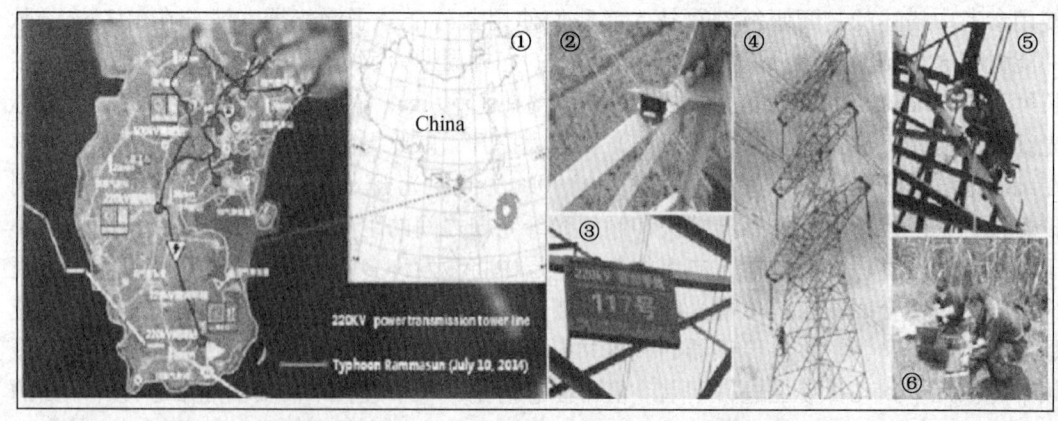

①输电杆塔的位置；②光纤传感器的安装位置；③、④是杆塔的铭牌和输电杆塔；⑤、⑥是工作人员安装现场

图 7-41　220 kV 输电杆塔现场实验

图 7-41d 显示了光纤传感器的安装位置、测试杆塔的铭牌、高压输电杆塔、传感器的安装过程和现场人员在数据采集和分析过程中的情况。

测试实验证明了倾斜光纤振动传感系统的可行性,用于实时监测高压输电杆塔的风振情况。通过将 TCF-TFBG 拼接到 SMF 来制造传感器。封装结构非常坚固、耐用,以确保外界振动良好地传递到内部的光纤传感器中,并提供长期保护,即使在恶劣的环境中也是如此。该传感系统的特点:①在 $0.1\sim6.5 \text{ m/s}^2$ 的加速度范围内,响应曲线的线性度偏差小于 1.5%;②可调谐振频率;③具有成本效益的解调系统(使用光强解调而不是波长解调);④自校准(一种不受振动影响的光谱分离技术);⑤多路复用能力。倾斜光纤振动传感系统可应用于强电磁、干扰和破坏性天气的极端环境中,且安全性和可靠性都更高。

参 考 文 献

[1] 迟泽英,陈文建. 纤维光学与光纤应用技术[M]. 北京：北京理工大学出版社,2009.
[2] 胡先志. 光器件及其应用[M]. 北京：电子工业出版社,2010.
[3] 韦乐平,张成良. 光网络-系统、器件与联网技术[M]. 北京：人民邮电出版社,2006.
[4] 李川. 光纤传感器技术[M]. 北京：科学出版社,2012.
[5] 江毅. 高级光纤传感技术[M]. 北京：科学出版社,2009.
[6] 彭吉虎,吴伯瑜. 光纤技术及应用[M]. 北京：北京理工大学出版社,1995.
[7] 刘德明,向清,黄德修. 光纤光学[M]. 北京：国防工业出版社,1995.
[8] 张伟刚. 光纤光学原理及应用[M]. 天津：南开大学出版社,2008.
[9] 廖延彪. 光纤光学[M]. 北京：清华大学出版社,2000.
[10] 李川. 光波分复用通信技术中的基本器件与网络系统[M]. 北京：科学出版社,2009.
[11] 张以谟. 光互连网络技术[M],北京：电子工业出版社,2006.
[12] 林学煌,光无源器件[M]. 北京：人民邮电出版社,1998.
[13] 何塞灵,戴道锌. 微纳光子集成[M]. 北京：科学出版社,2010.
[14] 廖延彪. 偏振光学[M]. 北京：科学出版社,2003.
[15] 李川,张以谟,赵永贵,等. 光纤光栅：原理、技术与传感应用[M]. 北京：科学出版社,2005.
[16] 李淳飞. 全光开关原理[M]. 北京：科学出版社,2010.
[17] 行松健一. 光开关与光互连[M]. 北京：科学出版社,2002.
[18] 聂秋华. 光纤激光器和放大器技术[M]. 北京：电子工业出版社,1997.
[19] 郭玉彬,霍佳雨. 光纤激光器及其应用[M]. 北京：科学出版社,2008.
[20] 潘杰. 对称L梁结构的FBG加速度传感器设计与研究[D]. 廊坊：防灾科技学院,2021.
[21] 许扬. 面向管道渗漏检测的分布式光纤传感系统设计与研究[D]. 太原：太原理工大学,2021.
[22] 陈依柳. 微地震中光纤光栅加速度传感器研究[D]. 廊坊：防灾科技学院,2021.
[23] 殷秋雨. 基于分布式光纤监测的隧道火灾温度分布特征研究[D]. 武汉：湖北工业大学,2021.
[24] 左浩宙. 地震监测光纤加速度传感器研究[D]. 廊坊：防灾科技学院,2020.
[25] 南颖刚. 倾斜光纤光栅振动传感器及其在电力监测中的应用研究[D]. 广州：暨南大学,2019.
[26] 王佳慧. V型裂缝计设计与性能分析[D]. 廊坊：防灾科技学院,2019.
[27] 赵国瑞. 煤矿井下关键设备工作状态参数获取系统研究及仪器研制[D]. 徐州：中国矿业大学,2011.
[28] 胡彦江. 汽轮发电机组振动监测与故障诊断系统研究与应用[D]. 北京：华北电力大学,2004.
[29] 廖延彪,黎敏,张敏等. 光纤传感技术与应用[M]. 北京：清华大学出版社,2009.
[30] 黎敏,廖延彪,光纤传感器及其应用技术第二版[M]. 武汉：武汉大学出版社,2012.
[31] 徐先东. 光纤光栅温敏与温度补偿式封装技术的研究[D]. 武汉：武汉理工大学,2003.
[32] 张春晓. 基于可调谐半导体激光吸收光谱技术的O_2和CO气体测量[D]. 杭州：浙江大学,2010.
[33] 许扬. 面向管道渗漏检测的分布式光纤传感系统设计与研究[D]. 太原：太原理工大学,2021.
[34] 殷秋雨. 基于分布式光纤监测的隧道火灾温度分布特征研究[D]. 武汉：湖北工业大学,2021.
[35] 南颖刚. 倾斜光纤光栅振动传感器及其在电力监测中的应用研究[D]. 广州：暨南大学,2019.
[36] 崔鹏. 用于铁路边坡变形监测的光纤倾角传感器研究[D]. 石家庄：石家庄铁道大学,2019.
[37] 张伟刚. 新型光纤光栅设计技术及应用[M]. 上海：上海交通大学出版社,2016.

图书在版编目（CIP）数据

光纤传感技术及防灾减灾应用/姚振静，蔡建羡，洪利主编． ——北京：应急管理出版社，2023
防灾减灾系列教材
ISBN 978-7-5020-9887-2

Ⅰ.①光… Ⅱ.①姚… ②蔡… ③洪… Ⅲ.①光纤传感器—应用—灾害防治—教材 Ⅳ.①X4

中国国家版本馆 CIP 数据核字（2023）第 069639 号

光纤传感技术及防灾减灾应用（防灾减灾系列教材）

主　　编	姚振静　蔡建羡　洪　利
责任编辑	籍　磊
责任校对	张艳蕾
封面设计	千　沃

出版发行	应急管理出版社（北京市朝阳区芍药居 35 号　100029）
电　　话	010-84657898（总编室）　010-84657880（读者服务部）
网　　址	www.cciph.com.cn
印　　刷	北京地大彩印有限公司
经　　销	全国新华书店
开　　本	787mm×1092mm$^1/_{16}$　印张 10$^1/_4$　字数 231 千字
版　　次	2023 年 5 月第 1 版　2023 年 5 月第 1 次印刷
社内编号	20230214　　　　　　　　　定价　38.00 元

版权所有　违者必究

本书如有缺页、倒页、脱页等质量问题，本社负责调换，电话：010-84657880